Wassergas-Erzeugung

in

kontinuierlichem Betriebe

nebst einem Anhang:

Ueber die notwendigen Verluste beim Dellwikprozess.

Von

Dr. Felix Clauss.

BERLIN W.
VERLAG VON M. KRAYN
1900.

*) Die allmähliche Vervollkommnung der Wassergasprozesse wird durch zwei grosse Fortschritte besonders gekennzeichnet. Der erste besteht darin, dass die Gaserzeugung im Gegensatz zu den aus dem Destillationsverfahren stammenden Grundsätzen in von innen geheizten Generatoren vorgenommen wird und dass demgemäss ein Teil des Vergasungsmaterials selbst zur Erhitzung des übrigen Teiles verwendet wird (Selbstverbrennung im Generator), und den zweiten grossen Fortschritt stellt der Dellwikprozess dar: die sogenannte Heizkohle wird nicht mehr zu Kohlenoxyd, sondern zu Kohlensäure verbrannt. Denn da 1 Molekül C zu CO verbrannt 28800 Cal. entbindet, während dieselbe Menge C zu CO_2 verbrannt 96960 Cal. auslöst, so ist es ohne weiteres klar, dass die dem Verbrennungsprozesse folgende Vergasungsperiode eine ungleich grössere Menge an Wärmeeinheiten disponibel findet, wenn die Verbrennung der Heizkohle zu Kohlensäure stattgefunden hat, als wenn eine Verbrennung zu Kohlenoxyd erfolgt ist; und ebenso selbstverständlich ist es, dass in dem ersteren Falle die Wassergasausbeute ungleich grösser sein muss, als wie im letzteren Falle.

Es fragt sich nun, ob noch ein weiterer Fortschritt in der Wassergaserzeugung überhaupt denkbar ist. In dieser Beziehung ergiebt eine einfache Ueberlegung Folgendes:

1. Die gebräuchlichen Generatorverfahren beruhen darauf, dass durch eine Schicht glühenden Brennmaterials Wasserdampf hindurchgeblasen wird. Hierbei bildet sich zwar Wassergas; gleichzeitig wird aber die glühende Brennmaterialschicht so stark abgekühlt, dass dieselbe nach einer bestimmten Zeit durch Einblasen von Luft von neuem in Glut versetzt werden muss: es folgen sich also fortwährend abwechselnd eine Periode des Gasmachens und eine Periode des Heissblasens. Das Verfahren ist demnach, da es einen intermittierenden Betrieb voraussetzt, diskontinuierlich. Welche Verlustquellen darin liegen, dass der beim Gasmachen erforderliche Wärmeverbrauch fortgesetzt durch Heissblasen der

---

*) Die nachstehenden Ausführungen bilden eine Zusammenfassung der in den No. 9, 10, 13 und 18—21 der „Zeitschrift für Beleuchtungswesen" erschienenen Artikelserie über den gleichen Gegenstand.

Kohle ersetzt werden muss, habe ich in dem Aufsatze: Ueber die notwendigen Verluste beim Dellwikprozess (Zeitschrift für Beleuchtungswesen, 6. Jahrg. 1900, Heft 9/10) darzulegen versucht.[1]) Ein kontinuierlicher Betrieb zur Erzeugung von Wassergas, bei dem sowohl Umstellungen von Ventilen zur Durchleitung des Dampfes durch frische Glühmassen als auch Ergänzung dieser Glühmassen durch Beschickung vermieden werden würden und bei dem auch ununterbrochen Gas von gleicher Zusammensetzung entstünde, würde deshalb einen gewaltigen Fortschritt darstellen. Es sind ja in dieser Beziehung auch schon eine Reihe von Vorschlägen gemacht worden. Besonders beachtenswert ist der Vorschlag von Hempel, die Verwendung verflüssigter Luft in den Wassergasprozess einzuführen.[2])

2. Ein weiterer Fortschritt ist in folgender Richtung denkbar.

Die Theorie der Wassergaserzeugung lehrt uns, dass die chemische Gleichung $C + H_2O = CO + H_2$ einen Wärmeverlust von 28 970 Calorien involviert. Wird dieser negative Wärmeaufwand durch Heizkohle gedeckt, so verursacht dieser Heizprozess, wie ich in dem oben angezogenen Aufsatze nachgewiesen habe, abgesehen von den anderen Wärmeverlusten den unmittelbaren Verlust von 10618,7 Wärmeeinheiten.

Würde man dagegen den negativen Wärmeaufwand von 28970 Cal. durch Verbrennung von Wassergas zu Kohlensäure und Wasser ersetzen, so würde der durch Verbrennung des Wassergases herbeigeführte direkte Verlust an Wärmeeinheiten nur 8124,02 betragen[3]), da — unter der Annahme,

---

[1]) Diese Ausführungen sind im „Anhange" zum Abdruck gelangt.

[2]) Professor Walter Hempel: Ueber Prozesse, bei welchen die von C. Linde erfundene Maschine zur Erzeugung flüssiger Luft Anwendung finden kann. (Die Chemische Industrie, 26. Jahrg., Heft 3 1899.)

[3]) a) Wenn CO zu CO_2 verbrannt wird, so gehören dazu 16 O, welche als CO_2 bei 800° entweichen und dadurch entführen (spez. Wärme von $CO_2 = 0{,}217$) $44 \times 800 \times 0{,}217$ . . . 7 638,40 Cal.
Auf 16 O kommen noch $16 \times 3{,}31 = 52{,}9$ kg N, welche bei 800° entführen (spez. Wärme von $N = 0{,}244$): $52{,}9 \times 800 \times 0{,}244$ . . . 10 326,08 „

b) Wenn H_2 zu H_2O verbrannt wird, so gehören dazu 16 O, welche als H_2O bei 800° entweichen und dadurch entführen (spez. Wärme von H_2O (Gas) $= 0{,}4805$) $18 \times 800 \times 0.4805$ . . . . 6 919,20 „
Auf 16 O kommen noch $16 \times 3{,}31 = 52{,}9$ kg N, welche bei 800° entführen (spez. Wärme von $N = 0{,}244$): $52{,}9 \times 800 \times 0{,}244$ . . . . . 10 326,08 „

35 209,76 Cal.

Die von 1 cbm Wassergas (30 kg = 44,64 cbm) entzogene Wärmemenge würde demgemäss 788,74 W.-E. betragen.

dass 1 cbm reines Wassergas 2813 Wärmeeinheiten entbindet und das $2^1/_2$fache seines Volumens[4]) an Verbrennungsluft gebraucht — $\frac{28970}{2813} = 10{,}3$ cbm Wassergas als Heizgas verbraucht werden würden, d. h. also bei Verwendung von Wassergas zum Wassergaserzeugungsprozesse werden die notwendigen theoretischen Verluste, die zur Deckung des durch die Dissoziation des Wasserdampfes entstehenden negativen Wärmeaufwandes erforderlich sind, um mehr als ein Viertel verringert.[5])

Aber noch einen weiteren Vorteil würde die Verwendung von Wassergas beim Wassergaserzeugungsprozesse mit sich bringen. Bekanntlich entführt das heiss abziehende Wassergas ziemlich bedeutende Wärmemengen, und zwar beträgt dieser Verlust für den Kubikmeter Wassergas 306 Cal. (vgl. hierzu den oben angezogenen Aufsatz: Ueber die notwendigen Verluste beim Dellwikprozess), die bei der gewöhnlichen Verwendung des Wassergases nicht wieder gewonnen werden. Würde man dagegen das frisch bereitete Wassergas, soweit es nach den vorstehenden Ausführungen zur Erzeugung von Wassergas notwendig ist, unmittelbar nach seiner Erzeugung verwenden, so würde dieser Wärmeverlust zum grössten Teile vermieden werden, und zwar würde die Wärmemenge, die hierdurch für den Wassergasprozess nutzbar gemacht werden könnte, fast $306 \times 10{,}3$ Cal. betragen. Der bei Deckung des durch die Dissoziation des Wasserdampfes entstehenden negativen Wärmeaufwandes eintretende direkte Wärmeverlust würde hierdurch also abermals um mehr als ein Viertel verringert werden im Vergleich zur Deckung dieses Wärmeverlustes durch Heizkohle.

3. Und endlich ist noch ein dritter Fortschritt bei dem Wassergaserzeugungsprozesse gegenüber dem jetzigen Zustande denkbar. Die eigentlichen Wassergasprozesse, soweit sie sich in Generatoren abspielen, sind nämlich auf die Verwertung von Anthracit oder Koks beschränkt, während sich bituminöse Brennmaterialien in den gewöhnlichen Generatoren nicht in Wassergas überführen lassen, da dieselben eine schnelle Erhitzung nicht gestatten. Der Grund hierfür liegt darin, dass Steinkohle und Braunkohle durch die Vergasung ihrer Bestandteile zu stark gekühlt werden.[6])

---

[4]) Theoretisch gebraucht 1 cbm Wassergas nur 2,387 cbm atmosphärische Luft zur Verbrennung.

[5]) Bei der vorstehenden Rechnung ist angenommen worden, dass die Verbrennungsgase des Wassergases mit 800° C. entweichen. Es ist jedoch zu vermuten, dass bei geschickter Konstruktion des Generators eine weitere Abkühlung der Verbrennungsgase möglich ist, in welchem Falle sich der durch das Heizgas entstehende direkte Wärmeverlust voraussichtlich noch weiter vermindern würde.

[6]) Zu vergl. Hempel a. a. O.

Ein Verfahren, das die Ueberführung jedes kohlenstoffhaltigen Materials in Wassergas gestattet, und zwar ohne gleichzeitige Mitverwendung von Anthracit oder Koks, würde demnach ebenfalls einen weiteren wesentlichen Fortschritt bedeuten.

Es wird sich also darum handeln müssen, ein Verfahren auszubilden, das die vorstehend geschilderten Fortschritte ermöglicht, ohne dass bei seiner Ausführung in der Praxis die durch diese Fortschritte errungenen Vorteile durch anderweite Nachteile etwa wieder wett gemacht werden. Denn es ist ohne weiteres klar, dass sich — soweit der unter 2 gekennzeichnete Fortschritt in Frage kommt — bei Verwendung fertigen Wassergases zur Herstellung von Wassergas die Innenbeheizung des Generators nicht mehr durchführen lässt, dass man dann vielmehr wieder auf das ursprüngliche Prinzip der Aussenbeheizung von Retorten zurückgreifen muss. Es fragt sich nun, ob die Aussenbeheizung von Retorten unter allen Umständen der Selbsterhitzung im Generator nachsteht, und wir müssen deshalb zunächst untersuchen, welche Uebelstände diese Art der Beheizung im Gefolge hat.

Der hauptsächlichste Grund, der zum Verlassen der Aussenbeheizung von Retorten und zur Verwendung von innen beheizten Generatoren führte, war die Erkenntnis, dass eine rationelle Erzeugung von Wassergas nur bei Anwesenheit ausserordentlich hoher Temperaturen stattfinden kann, weil sich sonst bei der Zersetzung des Wasserdampfes durch die Kohle an Stelle des erstrebten brennbaren Kohlenoxydes Kohlensäure bildet, die für das fertige Gas selbstverständlich äusserst schädlich ist, in Verbindung mit der weiteren Erkenntnis, dass die zur Erzeugung von Wassergas im Innern des Zersetzungsraumes erforderliche hohe Temperatur bei allen bisherigen Apparaten niemals schnell genug durch die Wandungen des Zersetzungsraumes hindurch transportiert werden konnte.

Wesentlich ist hier ferner der Umstand, dass man bei Uebertragung von Wärme durch die Wandungen eines Gefässes dieselben von aussen auf eine bedeutend höhere Temperatur erhitzen muss als die Prozesse an sich erfordern. Erwägt man jedoch, dass die Wassergasflamme mit einer Temperatur von 1700° C. brennt, während der Zersetzungsprozess im Innern des Generators nur eine Temperatur von 1000° C. beansprucht, so fällt dieser Uebelstand nicht so sehr ins Gewicht, besonders wenn die Wandungen des Generators aus einem die Wärme möglichst gut leitenden Materiale hergestellt werden können.

Hierzu kommt weiter, worauf Heinrich Biltz in seiner Schrift: Ueber die Bestimmung der Molekulargrösse einiger anorganischer Substanzen[7]) hingewiesen hat, dass das Wasser-

[7]) Zeitschrift für physikalische Chemie XIX, 3.

gas infolge der grossen Diffusionsgeschwindigkeit seiner Moleküle sich sehr schnell mit Luft vermischt und dadurch eine intensive Verbrennung erzeugt, sodass man mit Wassergas, obwohl sein kalorischer Effekt nur etwa halb so gross ist als der eines gleichen Volumens Leuchtgas, trotzdem eine grössere Hitze erzielen kann als mit Leuchtgas, ein Umstand, der für die Aussenbeheizung von Retorten selbstverständlich von grosser Bedeutung ist, da nicht nur der Widerstand, den die Wandungen dem Durchgange der von aussen zugeführten Wärme bieten, um so geringer ist, je stärker die Wandungen erhitzt werden, sondern der ganze Prozess sich selbstverständlich auch um so wirtschaftlicher gestaltet, je grösser der Quotient aus Flammentemperatur durch Wärmeeffekt des Heizmaterials ist. Und diese Erkenntnis entkräftet gleichzeitig auch für den vorliegenden Fall das Bedenken, das gewöhnlich gegen die Uebertragung von Wärme durch die Wandungen eines Gefässes hindurch geltend gemacht wird, dass nämlich die Erhitzung der Aussenwandungen auf eine höhere Temperatur, als die Prozesse an sich erfordern, einen unverhältnismässig grossen Aufwand von Brennmaterialien zur Folge habe.

Ein letzter Uebelstand der Aussenbeheizung der Generatoren ist nach Hempel die Beschränkung auf verhältnismässig sehr geringe Dimensionen der Gefässe, da ja die Wirkung der Strahlung der Wärme mit den Quadraten der Entfernung abnimmt. Einem Verfahren gegenüber, das seinem ganzen Wesen nach auf möglichst geringe Dimensionen der Gefässe zugeschnitten ist, ist deshalb auch dieser Einwand gegen die Aussenbeheizung der Generatoren an sich selbstverständlich hinfällig.

Nachdem ich so zunächst gezeigt habe, nach welchen Richtungen hin noch weitere Fortschritte in der Wassergaserzeugung möglich sind, will ich nunmehr zeigen, wie das von mir ausgebildete und mir patentierte Verfahren zur kontinuierlichen Erzeugung von Wassergas (Patente No. 103454, 103772, 112342, 113213) die dort gekennzeichneten Fortschritte zu verkörpern sucht. Es besteht darin, dass hochüberhitzter Wasserdampf mit kohlenstoffhaltigem Staube oder kohlenstoffhaltigen Flüssigkeiten in dem Gewichtsverhältnisse von 3 Teilen Wasserdampf zu 2 Teilen Kohlenstoff — und zwar zweckmässig durch Ansaugen des kohlenstoffhaltigen Materials durch den Dampfstrahl — innig gemischt wird, und dass dieses Gemisch direkt in eine geschlossene Kammer strömt, in der es an durch Aussenbeheizung auf Glühhitze erhaltenen Flächen vorübergeleitet wird. Hierbei wird durch die Erhitzung des Kohlenstoffes der Wasserdampf zersetzt, und das so gebildete Wassergas strömt aus der Kammer zu weiterer Verwendung aus.

Aus dieser kurzen Beschreibung ergiebt sich bereits, dass die Umstände, unter denen sich die Wassergasbildung nach diesem Verfahren vollzieht, völlig andere geworden sind als bisher. Der ganze Vorgang der Wassergaserzeugung wird hier gleichsam molekularisiert, und infolgedessen können die einzelnen für den ganzen Prozess in Betracht kommenden Faktoren so gewählt werden, dass alle die oben berührten prinzipiellen Einwendungen gegen das Prinzip der Aussenbeheizung mit Erfolg vermieden werden können. Diese kurze Beschreibung zeigt gleichzeitig aber auch noch weiter, dass dieses Verfahren sehr wohl geeignet ist, alle drei oben charakterisierten Fortschritte zu verkörpern.

In erster Linie ist nämlich die Möglichkeit gegeben, zu den von aussen zu beheizenden Flächen ganz ausserordentlich dünne Wandungen zu verwenden, die dem Durchgange der Hitze nur einen ganz minimalen Widerstand entgegensetzen und in Bezug auf Wärmeleitungsfähigkeit mit den Retorten der bisherigen Gasgeneratoren, die infolge des Druckes der Kohlen- oder Koksschicht immer mehr oder weniger starkwandig hergestellt werden mussten, überhaupt nicht verglichen werden können.

Weiter kann — räumlich — die von aussen zu bewirkende Erhitzung der Zersetzungskammer auf verhältnismässig kleine Flächen beschränkt werden, die noch dazu in jedem einzelnen Momente in ihrer Totalität ausgenutzt werden können, während bei den früheren Apparaten, bei denen die Hitze von aussen zugeführt wurde, sehr grosse Flächen zu erhitzen waren, von denen noch dazu im jeweiligen Momente immer nur ein ganz kleiner Teil in Aktion treten konnte. Hierzu kommt, dass in den früheren auf diesem Prinzipe a ufgebauten Apparaten die von aussen her zugeführt Wärme auf die Wärmeleitungsfähigkeit der Brennmaterialien selbst angewiesen war, ein Moment, durch das selbstverständlich der Wirkungsgrad der Apparate sehr stark beeinträchtigt werden musste, während bei meinem Verfahren die im jeweiligen Momente im Innern der Zersetzungskammer erforderliche Hitze fast unmittelbar an- bezw. unterhalb der glühenden Flächen verbraucht wird.

Berücksichtigt man ferner, was oben über die Temperaturgrade der Wassergasflamme und der dadurch ermöglichten starken Erhitzung der Zersetzungskammer gesagt worden ist so dürfte ohne weiteres klar sein, dass die im Innern der Zersetzungskammer erforderliche Wärme bei dem vorliegenden Verfahren jederzeit in genügender Menge und mit genügender Schnelligkeit durch die Aussenbeheizung zugeführt werden kann.[8])

Weiter kommt hier in Betracht, dass das Wassergas mit ganz kleiner Flamme brennt, sodass also bei der Erhitzung der

[8]) Ich möchte hierzu noch besonders bemerken, dass nach wiederholt ausgeführten Messungen z. B. in der Leipziger Gasanstalt die Differenz zwischen den Temperaturen in den Heizkanälen einerseits und den Retorten andrerseits nur bis zu 300° C., d. i. ungefähr der vierte Teil der höchsten gemessenen Temperatur, beträgt.

Flächen der Zersetzungskammer durch bereits fertiges Wassergas auch Verluste durch strahlende Wärme fast völlig vermieden werden, eine Verlustquelle, die bei Anwendung dieses Prinzips in den früheren Apparaten naturgemäss ausserordentlich gross war. Und endlich kann in den zur Ausführung dieses Verfahrens konstruierten Apparaten die zur Aussenbeheizung der Zersetzungskammer zugeführte Wärmemenge, die nicht in der Zersetzungskammer selbst gebraucht, sondern von den erhitzten Flächen zurückgeworfen wird, bequem wieder abgeleitet und noch anderweit, sei es zur Entwickelung oder Ueberhitzung des erforderlichen Dampfes, sei es zur Vorwärmung des Kohlenstaubes pp. verwendet werden.

Dass die Frage, aus welchem Materiale die Erhitzungsflächen herzustellen sein werden, in der Praxis auf ziemlich bedeutende Schwierigkeiten stossen wird, ist von vornherein einleuchtend. Ja, es ist möglich, dass bei den Versuchen in der Praxis die Materialfrage die Hauptrolle spielen wird. Denn dass das Material für die Zersetzungskammer von möglichst guter, ja man muss sagen, vorzüglichster Wärmeleitungsfähigkeit sein muss, ist selbstverständlich, da ja die Wärme, die zum chemischen Zersetzungsprozess im Innern der Zersetzungskammer notwendig ist, eben von aussen durch die Wandungen der Zersetzungskammer hindurch in dieselbe hinein gebracht werden soll, und aus demselben Grunde ist es auch selbstverständlich, dass, wie oben bereits einmal erwähnt, diese Wandungen so dünn wie irgend möglich sein müssen. Eine weitere Ueberlegung ergiebt jedoch, dass das Material für die Wandungen der Zersetzungskammer noch folgende Bedingungen erfüllen muss:

1. Es muss bei geringster Wandstärke eine grosse innere Festigkeit besitzen.

2. Es muss im Feuer gut stehen und Temperaturen bis zu 1700° C. aushalten, ohne dass die aus ihm hergestellten Formen irgendwie deformiert oder sonstwie vom Feuer in ihrer Beschaffenheit verändert werden.

3. Es muss schroffe Temperaturschwankungen vertragen, ohne zu bersten oder zu sintern.

4. Es darf von überhitztem Wasserdampfe in keiner Weise angegriffen werden.

Eine Umschau unter den der heutigen Technik zur Verfügung stehenden Materialien zeigt nun ohne weiteres, dass kein zur Zeit bekanntes Material alle vorstehend genannten Forderungen erfüllt. Denn Metalle, an die man wegen ihrer Eigenschaft, die Wärme vorzüglich zu leiten, ja am ersten zu denken hat, haben den Fehler, dass sie bei 1000° von Wasserdampf so stark angegriffen werden, dass sie alsbald völlig unbenutzbar sein würden. Und andererseits sind alle diejenigen Materialien, welche die oben unter 1, 2 und 4 aufgestellten Forderungen erfüllen: Chamotte, Porzellan, Magnesitstein u. s. w.

alle so schlechte Wärmeleiter, dass an ihre Verwendung ebenfalls nicht gedacht werden kann. Es bleibt daher nichts anderes übrig, als ein Material zusammenzustellen, welches die sämtlichen oben verlangten Eigenschaften erfüllt.

In erster Linie denke ich hierbei an sogenanntes Passauer-Tiegelschmelzmaterial, also eine Mischung aus Graphit und feuerfestem Thon. Da jedoch dieses Material den Nachteil hat, dass der der Feuerwirkung auf der Aussenseite ausgesetzte Graphit allmählich verbrennt, so empfiehlt es sich, das poröse Material auf der Aussenseite noch besonders dadurch mit Graphit zu überziehen, dass der Graphit mittels Bürsten in die feinen Poren hineingebürstet wird. Alsdann wird die auf diese Weise elektrisch leitend gemachte Fläche auf elektrolytischem Wege platiniert. Hierdurch wird das Verbrennen des Graphits selbstverständlich vermieden. Ich bemerke hierbei, dass man den oben gekennzeichneten Nachteil des Passauer-Tiegelschmelzmaterials in der jetzigen Praxis dadurch vermeidet, dass man die Tiegel auf der Aussenseite mit einer feuerfesten Glasur überzieht. Eine solche Glasur ist aber selbstverständlich für den vorliegenden Fall ungeeignet, da dieselbe die Wärmeleitungsfähigkeit des Materials stark beeinträchtigen würde.

In ähnlicher Weise wird sich ein geeignetes Material auch dadurch herstellen lassen, dass man dünne Asbestpappe, sei es in dem gewöhnlichen Zustande, in welchem dieselbe bereits porös ist, sei es, nachdem man sie durch Bearbeitung mit Metallbürsten oder auf irgend eine andere Art und Weise noch poröser gemacht hat, ebenfalls mit Graphit in der Weise behandelt, dass man dasselbe in die Poren hineinbürstet und die Aussenseite dann ebenfalls auf elektrolytischem Wege platiniert.

Zu bemerken ist hierzu noch, dass die Platinierung von aussen möglicher Weise erspart werden kann, wenn die Wassergasbrenner so konstruiert werden, dass weder die Flamme noch ihre Umgebung irgend welchen freien Luftsauerstoff aufweisen, da das Verbrennen des Graphits, das ja lediglich eine Folge von Oxydation zufolge überschüssigen Luftsauerstoffes ist, dadurch unmöglich gemacht, hierdurch aber die Haltbarkeit der Zersetzungskammer eine ungleich grössere sein wird. Dass dies aber in der Praxis möglich sein wird, ist daraus zu schliessen, dass die Wassergasflamme zur vollständigen Verbrennung bekanntlich nicht mehr als das theoretische Luftquantum bedarf.[9])

---

[9]) Ich möchte hier ausdrücklich noch darauf aufmerksam machen, dass sich nach den angeführten Untersuchungen von Biltz zweifellos ergiebt, dass auch die gewöhnliche Wassergasgebläseflamme nicht viel mehr als 1700° verwertbare Hitze erzeugt, dass es dagegen möglich ist, nicht nur durch geschickte Anordnung der einzelnen Brennerteile u. s. w. ungleich grössere Hitzegrade zu erzielen, sondern auch Materialien zu finden bezw. zusammenzusetzen, die diesen Temperaturgraden Stand zu halten vermögen.

Es ist selbstverständlich, dass mit diesen Hinweisen die Materialfrage nicht gelöst sein soll; ich habe oben schon hervorgehoben, dass praktische Versuche hier den wertvollsten Teil der Aufgabe bilden. Hinweisen möchte ich nur noch auf die sehr beachtenswerten Erfolge, welche die hauptsächlich durch das Goldschmidtsche Schweissverfahren ins Leben gerufene thermochemische Industrie auf dem Gebiete der Komposition von Massen, welche ausserordentlich hohe Hitzegrade aushalten, gezeitigt hat. Auch ist ausdrücklich noch hervorzuheben, dass etwaige kleine Risse oder Sprünge in den Wandungen der Zersetzungskammer voraussichtlich nichts schaden werden, da der in den Zersetzungskammern entstehende Ueberdruck das Eindringen von Luft in dieselben von aussen her vermutlich hindern wird.

Was endlich die Form der Zersetzungskammer anlangt, so wird hier ebenfalls die Praxis durch Versuche das Zweckmässigste finden müssen. Immerhin lässt sich jetzt schon Folgendes sagen:

Die erste Ausführungsform war die in der Patentschrift No. 103772 dargestellte Zersetzungskammer, in der das Gemisch aus Dampf und kohlenstoffhaltigem Materiale gegen eine von aussen beheizte Fläche geworfen wird. Diese Ausführungsform hat jedoch nach zweierlei Richtungen hin Mängel aufzuweisen. Wenn es sich nämlich um schlackenreiches staubförmiges Brennmaterial handelt, so erscheint die Möglichkeit nicht ausgeschlossen, dass die ganze Fläche allmählich völlig mit einer Schlackenschicht überzogen wird, sodass die Wärmeleitungsfähigkeit derselben zunächst abnimmt und nach und nach gänzlich aufhört. Und das zweite Bedenken geht aus der Erwägung hervor, dass bei der dort ausgeführten Konstruktion die Uebertragung der erforderlichen Wärme an das Gemisch aus Dampf und Kohlenstoff nicht mit der notwendigen Geschwindigkeit vollzogen werden wird, da die Zeitspanne, während der der Anprall dieses Gemisches an die erhitzte Fläche erfolgt, hierfür möglicherweise nicht ausreicht.

Beide Bedenken haben unzweifelhaft ihre Berechtigung. Wenn es nun auch durch geschickte Konstruktion der Zersetzungskammer möglich ist, zu vermeiden, dass sich die Erhitzungsfläche allmählich mit Schlacken zusetzt, indem diese Fläche auswechselbar eingerichtet wird, z. B. als rotierende Scheibe oder als rotierender Zylinder, so wird es sich aus obigen Erwägungen heraus voraussichtlich doch empfehlen, die Zersetzungskammer so auszubilden, dass das Gemisch eine bestimmte Zeit lang der Einwirkung der erhitzten Fläche ausgesetzt ist, z. B. in der Weise, dass man das Gemisch durch eine aufrecht stehende Röhre strömen lässt, die von allen Seiten her gleichmässig in Glut erhalten wird. Hier wird auch die obengewonnene Erkenntnis eine nicht unwesentliche Rolle spielen, dass die Verwendung von Wassergas als Heizgas beim Wassergaserzeugungsprozess eine beträchtliche Herabminderung der direkten Wärmeverluste im Gefolge hat. Denn diese Erkenntnis wird es voraussichtlich rationeller erscheinen lassen, beim Wassergaserzeugungsprozesse lieber etwas mehr bereits fertiges Wassergas behufs Ersatzes des notwendigen Wärmeverlustes zu verbrauchen, dafür aber das ganze Verfahren und besonders die Apparate um so einfacher zu gestalten. Alle die Einzelfragen, die hier auftauchen können: welche Grössenverhältnisse für die Zersetzungskammer die günstigsten sind, welche Gestalt ihr am zweckmässigsten zu geben ist, ob sie zylinderförmig oder nach oben oder nach unten zu sich verjüngend auszubilden ist, oder ob ihr etwa die Form einer Destillierblase zu geben ist, können selbstverständlich lediglich auf Grund eingehender Versuche beantwortet werden. Hierher gehören auch die Fragen, ob das Gemisch aus Dampf und kohlenstoffhaltigem Materiale zweckmässig von oben oder von unten in die Zersetzungskammer einzuführen ist, und ob es sich etwa empfiehlt, in der Zersetzungskammer selbst gegenüber der Ausströmungsstelle einen Bügel anzubringen, an dem sich die Schlacke abscheiden kann. Hier ist auch die Möglichkeit ins Auge zu fassen, dass die entstehende Schlacke, wenn die Zersetzungskammer z. B. die Form einer Destillierblase erhält, durch den in der Zersetzungskammer entstehenden Ueberdruck mit dem fertigen Gase aus der Kammer herausgetrieben wird. Denn da sich die Schlacke, sobald sich solche bildet, zunächst in einem ganz ausserordentlich fein verteiltten Zustande befindet, in demselben Augenblicke aber, in dem Schlacke entstehen kann, auch die Bildung von Wassergas beendet sein muss, so ist auch anzunehmen, dass in dem gleichen Augenblicke auch ein bestimmter Ueberdruck in der Zersetzungskammer herrschen wird.

Und endlich gehören hierher auch die Fragen: mit welcher Geschwindigkeit der Dampf in die Zersetzungskammer einzutreten hat, und wie hoch derselbe überhitzt sein muss. Die erste dieser beiden Fragen wird voraussichtlich ebenfalls eingehender Versuche bedürfen. Dagegen lässt sich betreffs der letzteren sagen, dass sich voraussichtlich das ganze Verfahren nicht nur um so einfacher, sondern auch um so vorteilhafter gestalten wird, je höher überhitzt der Dampf in die Zersetzungskammer eintritt. Denn um so höher wird nicht nur von vornherein die in der Zersetzungskammer herrschende Temperatur sein, sondern um so geringer ist selbstverständlich auch die durch die Wandungen der Zersetzungskammer von aussen zuzuführende Wärmemenge. In dieser Beziehung möchte ich ganz besonders darauf hinweisen, dass es bei den bisher in der Praxis gebräuchlichen Dampfüberhitzern nur möglich war, den Dampf auf wenige hundert Grad zu überhitzen, und dass sich bei der Bedienung dieser Regeneratoren überdies noch ziemlich viel Schwierigkeiten herausstellten, dass es jedoch Herrn Dr. Strache in Wien, dem unermüdlichen Vorkämpfer für das

Wassergas, wie er in einem Vortrage „Die neuesten Fortschritte der Wassergasbeleuchtung“ des Näheren mitgeteilt hat,[10]) endlich gelungen ist, Regeneratoren herzustellen, die den Dampf auf 1000 bis 1500° erhitzen und die Nachteile der bisherigen Regeneratoren, soweit die Bedienung derselben in Frage kommt, vermeiden. — — —

Was nun die Frage der Umwandlung der in der Kohle aufgespeicherten Wärmeenergie in Gasform anlangt, so sind die Grundbedingungen auch hier natürlich dieselben, wie bei den anderen Wassergaserzeugungsverfahren, d. h. auch bei meinem Verfahren sind 57560 Cal. zur Zersetzung des Wasserdampfes erforderlich, und auch bei meinem Verfahren müssen, da die mit in Reaktion tretenden 12 kg Kohlenstoff bei ihrer Verbindung mit Sauerstoff zu Kohlenoxyd nur 29676 Cal. entbinden, 27884 Cal. Wärmeverlust ersetzt werden,[11]) die ich jedoch, wie aus der obigen Darstellung meines Verfahrens deutlich hervorgeht — zunächst einmal ohne Berücksichtigung der Zusatzpatente —, in die Zersetzungskammer von aussen hineinbringen will, und zwar soll dies durch bereits fertiges Wassergas geschehen. Unter der Voraussetzung, dass es möglich wäre, ohne irgend welchen Wärmeverlust in der Praxis die erforderliche Anzahl von 27884 Cal. durch die Erhitzungsflächen hindurch in das Innere der Zersetzungskammer hineinzutransportieren, so würde als effektiver Wärmeverlust nur derjenige in Ansatz zu bringen sein, der durch das Verbrennen des Heizgases bedingt wird, denn an Kraft und Stoff kann bekanntlich nichts verloren gehen. Wie gross dieser Wärmeverlust sich gestaltet, habe ich oben bereits eingehend dargelegt. Es muss hier jedoch noch einmal ganz besonders betont werden, dass dieser — theoretisch — festgestellte Verlust in der Praxis wesentlich nicht überschritten wird, da, wie bereits ausgeführt, die Wassergasflamme nicht wesentlich mehr als das theoretische Luftvolumen als Verbrennungsluft gebraucht.

Als weitere Verluste in der Praxis werden diejenigen in Betracht kommen, die dadurch entstehen, dass das Wassergas heiss abzieht, wodurch ziemlich bedeutende Wärmemengen entführt werden, und dass zur Erzeugung des Dampfes mehr Wärmeeinheiten benötigt werden, als theoretisch erforderlich sind. Diese Verluste dürften bei allen Wassergaserzeugungsmethoden ziemlich dieselben sein, und ich verweise deshalb in dieser Beziehung auf meine bereits mehrfach angezogenen Untersuchungen „Ueber die notwendigen Verluste beim Dellwikprozess.“ Als besondere Verlustquelle könnte hier noch die-

[10]) Bericht über die XXXVIII. Jahresversammlung des Deutschen Vereins der Gas- und Wasserfachmänner (Nürnberg 1898).

[11]) Den nachstehenden Ausführungen ist die Annahme zu Grunde gelegt worden, dass — im Gegensatz zu den älteren auch von Naumann noch vertretenen Anschauung — 1 kg C zu CO verbrannt nicht nur 2383, sondern 2472 W.-E. zu entbinden vermag.

jenige Wärmemenge in Frage kommen, die zur Ueberhitzung des Wasserdampfes nötig ist. Aber diese Wärmemenge spielt, ganz abgesehen davon, dass sie zum weitaus grössten Teile wieder gewonnen wird, im Vergleich zu der aufgewendeten Wärmemenge keine Rolle; auch ist zu bedenken, dass ja fast alle Wassergasprozesse mit hochüberhitztem Dampfe arbeiten, die diesbezüglichen Verluste sich also ausgleichen werden. Dagegen ist bei meinem Verfahren als direkter Wärmeverlust weiter diejenige Wärmemenge in Ansatz zu bringen, die als Plus zur Einführung der 27884 Cal. in die Zersetzungskammer erforderlich ist. Denn es ist selbstverständlich, dass, abgesehen davon, dass die Wandungen der Zersetzungskammern dem Durchgange der Wärme einen gewissen Widerstand entgegensetzen werden, der Transport der 27884 Cal. von aussen in die Zersetzungskammer hinein mit einem bestimmten Wärmeverlust notwendiger Weise verbunden sein wird. Dieser Wärmeverlust lässt sich durch folgende Betrachtung berechnen.

Nach den Ausführungen Naumanns (a. a. O. S. 51, 83 u. s. w.) gestattet der theoretisch berechnete Temperaturgrad eines Gases den für gewisse Zwecke nutzbar zu machenden Anteil der Verbrennungswärme des Wassergases zu bestimmen. Unter der Voraussetzung, dass die Dissociation des Wasserdampfes bei 1000° C. vor sich geht, so werden die zu einer solchen Dissociation benutzten Flammengase, sobald in dem Dissociationsraume die Temperatur von 1000° erreicht ist, fortwährend von der Verbrennungstemperatur auf 1000° abgekühlt, und die dabei von ihnen abgegebene Wärmemenge dient zur Dissociation des Wasserdampfes. Diese Abkühlung beträgt für die Flammengase des Wassergases 2859° — 1000° = 1859° C., und es steht demgemäss von dem als Heizgas verwendeten Wassergase folgende Wärmemenge zur Verfügung [(44 . 0,217) + (18 . 0,481) + (2 . 53,6 . 0,244)]. (2859 — 1000) = 82465 Cal. von den entbundenen 125572, oder in Bruchteilen $\frac{82\,465}{125\,572} = 0,657$, das sind fast 66 pCt.. An Stelle der theoretisch notwendigen 27884 Cal. würden demgemäss $\frac{27\,884}{0,66} = 42\,248$ Cal. notwendig sein. Dieselben entsprechen ungefähr 15 cbm Wassergas, welche bei ihrer Verbrennung nach der obigen Berechnung (795 . 15) — (306 . 15), d. i. 7335 Cal. entführen.

Der wirtschaftliche Effekt meines Wassergasverfahrens berechnet sich demnach folgendermassen: 12 kg Kohlenstoff ergeben in Verbindung mit 18 kg Wasserdampf 30 kg oder 44,64 cbm Wassergas. Da das bei meinem Verfahren gewonnene Wassergas, wenn nur das theoretisch notwendige Gewichtsverhältnis von Kohlenstoff und Wasserdampf eingehalten wird, thatsächlich zu gleichen Teilen (Volumprozenten) aus Wasserstoff und Kohlenoxyd besteht, so vermag auch jeder

Kubikmeter bei seiner Verbrennung 2813 Cal. zu entbinden. Denn die Hauptverlustquelle der bisherigen Verfahren, die, wie ich in dem mehrfach erwähnten Aufsatze nachgewiesen habe, in dem intermittierenden Betriebe liegt, kommt eben bei meinem Verfahren in Wegfall. Die gesamte zur Verfügung stehende Verbrennungswärme würde mithin 2813 . 44,64 = 125 572 Cal. betragen. Ohne Berücksichtigung der aus der Praxis herrührenden Verluste würde demnach, wenn man lediglich die durch die Verwendung des als Heizgas dienenden Teiles von bereits fertigem Wassergase entstehenden Wärmeverluste in Betracht zieht, der wirtschaftliche Effekt meines Verfahrens $\frac{125772 - (27884 + 8124)}{96960}$ d. i. $\frac{89564}{96960} = 0{,}923$ oder reichlich 92 pCt. der in den Kohlen aufgespeicherten Wärmeenergie betragen. Das ist aber derselbe Wirkungsgrad, den Dr. E. Fleischer als günstigste Möglichkeit für das Dellwiksche Verfahren berechnet hat.[12])

Dass dieser berechnete günstigste Effekt überhaupt niemals erreicht werden kann, weder bei Dellwiks noch bei meinem noch bei sonst irgend einem Verfahren, ist selbstverständlich, da eben eine Anzahl anderweiter Wärmeverluste jedem Verfahren notwendigerweise anhaften muss; ich habe die vorstehende Berechnung auch nur um deswillen hier eingefügt, um von vornherein der Behauptung entgegen zu treten, dass — theoretisch — das Dellwiksche Verfahren rationeller sei als das meinige.

Wenn man nun die direkten Wärmeverluste der Praxis mit in Betracht zieht, so sind nach den obigen Berechnungen von der Verbrennungswärme anstatt 27884 Cal. 42248 Cal. in Abzug zu bringen, sowie die bei deren Verbrennung entführte Wärmemenge abzüglich des durch die Verwendung des heissen Wassergases wiedergewonnenen Betrages (7335 Cal.), so dass also der Gesamtwirkungsgrad bei meinem Verfahren $\frac{125572 - (42248 + 7335)}{96960}$, d. i. $\frac{75989}{96960} = 0{,}783$ oder reichlich

[12]) Dr. E. Fleischer: Die Abhängigkeit der Wassergasausbeute vom Kohlensäuregehalt der Feuergase beim Dellwikschen Verfahren. Dabei ist angenommen, dass die Feuergase einen Kohlensäuregehalt von 21 pCt. aufweisen und mit 600° C. entweichen. Würde man jedoch von der Annahme ausgehen — und das ist ein Hinweis, auf den ich den Fleischerschen Berechnungen gegenüber ganz besonders aufmerksam machen möchte —, dass bei einem rationellen Betriebe irgend eines Wassergaserzeugungsprozesses die Feuer- oder Abgase unbedingt mit mindestens 1000° entweichen müssen, da die Gleichung $C + H_2O = CO + H_2$ mindestens eine Temperatur von 1000° C. beansprucht, so würde sich — und zwar ebenfalls bei einem Kohlensäuregehalt der Feuergase von 21 pCt. — die denkbar günstigste Ausbeute beim Dellwik-Fleischerschen Verfahren auf 68,1 pCt stellen, bei meinem Verfahren dagegen auf 90 pCt.

78 pCt. des in der Kohle aufgespeicherten Wärmevorrates beträgt. Die direkten Wärmeverluste betragen also hier ungefähr soviel wie beim Dellwikschen Verfahren (vergleiche den wiederholt angezogenen Aufsatz: Ueber die notwendigen Verluste beim Dellwikprozess).

Wenn also auch rechnungsmässig die Ausnutzung der Kohle bei meinem Verfahren nicht grösser ist als beim Dellwikprozess — es wäre dies auch, wie aus den oben angeführten Untersuchungen mit Sicherheit hervorgeht, überhaupt unmöglich, da die theoretische Ausnutzung bei beiden Verfahren bereits die denkbar grösste Vollkommenheit erreicht hat, naturgemäss also überhaupt nicht mehr steigungerungsfähig ist, wenigstens nicht, solange nicht die zur Zeit geltenden Anschauungen über die in der Kohle enthaltene und auslösbare Wärmeenergie einer Korrektur unterzogen worden sind — ich sage also, wenn auch die rechnungsmässige Ausnutzung der Kohle bei meinem Verfahren nicht grösser ist als wie beim Dellwikschen, so weist doch mein Verfahren dem Dellwikprozess gegenüber eine Reihe ganz bedeutender Vorteile auf, die es auch befähigen werden, mit dem Dellwikprozess in eine aussichtsvolle Konkurrenz zu treten. Denn wie schon erwähnt, werden durch mein Verfahren die eingangs gekennzeichneten drei grossen Fortschritte in der Wassergasproduktion verkörpert: die Möglichkeit eines kontinuierlichen Betriebes, die Möglichkeit der Verwendung eines Teils des bereits fertigen Wassergases als Heizgas beim Wassergaserzeugungsprozesse, die Möglichkeit der Verwendung jedes kohlenstoffhaltigen Materials zur Wassergaserzeugung.

In welcher Weise diese drei Möglichkeiten auch wirklich Fortschritte in der Wassergasbereitung darstellen, habe ich oben bereits im allgemeinen ausgeführt. Im einzelnen kommen hier noch folgende Vorteile in Betracht, die bei der Anwendung meines Verfahrens in der Praxis von ganz besonderer Bedeutung sein werden.

Vor allem bringt es die Kontinuierlichkeit des Betriebes mit sich, dass sowohl die Kosten der gesamten Anlage als auch die Unterhaltungskosten sowie die eigentlichen Betriebskosten ungleich geringere sein werden, als bei irgend einem anderen Verfahren, da ja weder eine Umstellung von Ventilen, noch eine Beschickung der Generatoren mit frischen Glühmassen, noch eine schwierige Ausschlackung derselben erforderlich ist. Vielmehr wird der ganze Betrieb, sobald er einmal in Gang gekommen ist, automatisch weiter gehen. Aber noch einen weiteren bedeutenden Vorteil bietet ein kontinuierlicher Betrieb, einen Vorteil, auf den ich ganz besonders aufmerksam machen möchte. An sich ist es natürlich bei jedem Wassergasverfahren möglich, die infolge des Heissblasens der Kohle in den Generatorgasen oder in der sog. Abhitze steckenden Wärmeverluste noch anderweitig beim Wassergasprozess nutzbar zu machen, und auf diese Möglichkeit ist auch schon wiederholt hingewiesen worden, insbesondere erwähnt sie auch Dr. Fleischer in der oben angeführten Untersuchung über das Dellwiksche Verfahren. Aber fast nirgends ist diese an sich doch sehr nahe liegende Ausnutzung der Abgase, wie Professor Dr. Lunge in seinem Artikel: Ueber das Dellwiksche Wassergasverfahren (Schillings Journal Heft 36, 1899) ausdrücklich hervorhebt, durchgeführt worden. Nach dem Grunde hierfür braucht man nicht lange zu suchen: er liegt einfach in der Diskontinuierlichkeit des Betriebs, denn diese bedingt selbstverständlich auch eine Diskontinuierlichkeit in dem Entstehen der Abgase. Und dass intermittierende Heizgase für die beiden hauptsächlichsten hier in Betracht kommenden Zwecke: Erzeugung des erforderlichen Dampfes und möglichst intensive Ueberhitzung desselben in der Praxis so gut wie unverwendbar sind, wenn man nicht mit ganz ausserordentlich komplizierten Apparaten arbeiten will,[13]) liegt auf der Hand. Sind dagegen die Abgase kontinuierlich, so ist ihre Verwendung zu den beiden oben angegebenen Zwecken nicht nur sehr leicht möglich, sondern geradezu geboten, wenn man nicht das Verfahren absichtlich unwirtschaftlich gestalten will. Aus dieser Erwägung heraus — und dies dürfte auch für die Beurteilung der Wirtschaftlichkeit meines Verfahrens wesentlich sein —, werden auch die obigen Ausführungen über den Mehrverbrauch an Wärmeeinheiten zur Deckung des durch die Dissociation des Wasserdampfes entstehenden negativen Wärmeaufwandes und — dadurch bedingt — den durch Verbrennung dieses Heizgases entstehenden Wärmeverlust in einem anderen Lichte erscheinen, da ja eben der weitaus grösste Teil dieses Wärmeverlustes infolge des kontinuierlichen Betriebes bequem wieder gewonnen und beim Wassergaserzeugungsprozesse anderweit nutzbar gemacht werden kann.

Was ferner die besonderen Vorteile der Verwendung von Wassergas als Heizgas beim Wassergasprozess anlangt, so kommt hier zunächst in Betracht: die jederzeitige fast unmittelbare Bereitschaft des Generators, falls nur dafür gesorgt wird, dass bei der jedesmaligen Wassergaserzeugung ein bestimmter kleiner Teil des erzeugten Wassergases zur Ingangsetzung des Apparates für das nächste Mal zurückbehalten wird und dass auch weiter ein Kessel zur Verfügung steht, der mit der nötigen Schnelligkeit den erforderlichen Dampf liefert.[14])

---

[13]) Einen Hinweis auf solche Apparate dürften z. B. die Serpollet-Kessel bieten.

[14]) Ich weise hier auf den von mir konstruierten, hauptsächlich für Gasheizung berechneten Kessel hin (D. R.-P. No. 101 223 und 107 264), der diese Bedingung in vollstem Masse erfüllt. Zu bemerken ist jedoch, dass die Ausführung dieses Kessels in der Praxis in etwas anderer Weise erfolgt, als aus den der Patentschrift beigegebenen Zeichnungen ersichtlich ist.

Weiter kommt hier in Betracht, dass bei Verwendung von Wassergas als Heizgas die bei Ingangsetzung des Apparates entstehenden Wärmeverluste, die infolge des Anblasens bei den jetzt gebräuchlichen Generatoren ziemlich bedeutende sind, ganz wesentlich reduziert werden. Und zuletzt giebt die Verwendung von bereits fertigem Wassergas beim Wassergaserzeugungsprozess die Möglichkeit, mein Verfahren auch im kleinsten Massstabe und zwar voraussichtlich mit demselben wirtschaftlichen Erfolge, als bei der Ausführung im grossen Stile zu verwerten, eine Möglichkeit, die vielleicht nicht zum wenigsten meinem Verfahren eine grosse wirtschaftliche Bedeutung verschaffen wird. Denn was es bedeuten würde, ein Verfahren zu besitzen, das es ermöglicht, auf kleinstem Raume und mit einfachsten Apparaten die Kohle zu vergasen, bedarf keiner weiteren Ausführung. Ja, selbst wenn die prozentuale Ausnutzung der in der Kohle enthaltenen Wärmeenergie in diesem Falle eine ungünstigere sein sollte, als z. B. in einem grossen Dellwikapparat, so würde doch trotzdem der Vorteil noch ganz unschätzbar sein, da hierdurch immerhin nicht nur eine thatsächlich höhere Ausnutzung der in der Kohle aufgespeicherten Energie möglich wäre als mit den gegenwärtigen Hilfsmitteln, sondern hierbei auch jede Rauch- und Russentwickelung vermieden würde. Und diese Anwendung meines Verfahrens in kleinster Ausführungsform würde vermutlich noch durch zwei weitere Besonderheiten gekennzeichnet sein, die ebenfalls wieder den wirtschaftlichen Effekt des Verfahrens nicht unwesentlich erhöhen würden. Dadurch nämlich, dass in diesen Fällen das frisch erzeugte Gas sofort nach seiner Entstehung wieder verbraucht wird, werden die Verluste vermieden, die sonst durch die Abkühlung des Gases entstehen; und weiter: ein Gas, das unmittelbar nach seiner Erzeugung wieder verbraucht wird, wird man selbstverständlich auch weder karburieren noch parfümieren. zwei Vorteile, die sich diejenigen, die mein Verfahren in grossem Massstabe anwenden werden — ich denke hierbei vor allem an die Gasanstalten — natürlich nicht zu nutze machen können, denn insbesondere die Gasanstalten werden voraussichtlich noch lange Zeit daran festhalten, Wassergas jeder Art sowohl zu karburieren als zu parfümieren. In der Praxis aber dürfte die Verwendung meines Verfahrens in kleinem und kleinsten Massstabe insbesondere für sämtliche Automobilen von einschneidendster Bedeutung werden, vor allem für Lokomotiven und Dampfschiffe, die samt und sonders zunächst den Dampf ruhig wie bisher würden erzeugen können, nur würde die Heizung nicht mehr direkt durch Kohle, sondern mittels des auf dem Automobil selbst erzeugten Gases erfolgen. Hier scheint mir vor allem für die Staatsbahnen ein Weg vorgezeichnet zu sein, um der durch die geringe Ausnutzung der in der Kohle enthaltenen Energie bedingten Kohlenverschwendung, die gerade im Eisenbahnwesen einen ganz enormen Umfang angenommen hat, zu steuern.

Man kann aber ruhig noch einen Schritt weiter gehen und direkt behaupten, dass auch dieser hier angedeutete Zustand sehr bald durch einen weiteren Schritt vervollkommnet werden wird in der Weise nämlich, dass das auf dem Automobil erzeugte Gas nicht mehr zur Beheizung von Kesseln, sondern zum Betriebe von Gasmotoren verwendet werden wird, die ja eine ungleich bessere Ausnützung der in der Kohle enthaltenen Energie ermöglichen als die Dampfmaschinen. Die Versuche Heilmanns weisen hier auf den einzuschlagenden Weg hin.

Es liegt mir selbstverständlich fern, alle hier auftauchenden Möglichkeiten auch nur andeuten zu wollen, weshalb ich mich mit diesen kurzen Hinweisen begnüge.

Einem Einwande, den man gegen mein Verfahren erheben könnte, möchte ich jedoch gleich hier begegnen, nämlich dem, dass ja die gesamte Technik längst erkannt habe, dass die Umwandlung einer Energieform in eine andere um so rationeller vor sich gehe, je grösser die hierzu verwendeten Apparate seien, und dass deshalb die Konstruktion derartig kleiner Apparate, wie ich sie hier im Sinne habe, von vornherein als verfehlt angesehen werden müsse. Demgegenüber möchte ich darauf hinweisen, dass, wie ich es oben bereits einmal ausgesprochen habe, bei meinem Verfahren alle in Betracht kommenden Elemente gleichsam molekularisiert sind, dass also die Ausführung dieses Verfahrens in kleinstem Massstabe gewissermassen in seinem Wesen begründet ist.

Was endlich die oben an dritter Stelle angeführte Möglichkeit — Verwendung jedes kohlenstoffhaltigen Materials zur Wassergasbereitung — anlangt, so dürfte hier hauptsächlich auf den Nutzen hinzuweisen sein, der dadurch entsteht, dass man unter Umständen sogar Holzmehl direkt wird vergasen können, sowie auf den Nutzen, den insbesondere die Schiffahrt haben wird, wenn es gelingt, die jetzt bereits zur Feuerung besonders auf den Torpedobooten verwendeten flüssigen Brennmaterialien — Masut, Naphta u. s. w. — durch vorherige Vergasung völlig rauchlos zu verbrennen. Möglicherweise dürfte durch dieses Verfahren auch die Beseitigung der Fäkalien in ein neues Stadium treten.

Endlich will ich hier noch darauf hinweisen, dass es bei meinem Verfahren vermutlich möglich sein wird, die Karburierung des Wassergases mit Oel gleichsam in statu nascendi vorzunehmen, indem das zur Karburierung dienende Oel direkt mit in die Zersetzungskammer eingespritzt wird. Ebenso wird nach meinem Verfahren vermutlich eine Parfümierung des Wassergases dadurch vorgenommen werden können, dass feingemahlenes Calciumcarbid unter den kohlenstoffhaltigen Staub gemischt wird, sodass das Acetylen gleichzeitig mit dem Wassergase, ja bezw. sogar noch ehe dessen

Bildung vollendet ist, entsteht. Der Kalk wird sich dann wahrscheinlich gleichzeitig und gemeinsam mit den Schlackenteilchen abscheiden. Die Karburierung, sei es mit Oelgas oder mit Benzol, und die Parfümierung mit bereits fertigem Acetylengas nach der Fertigstellung des Wassergases ist selbstverständlich auch bei meinem Verfahren unter allen Umständen möglich.

Und nun komme ich noch einmal auf die Bemerkung zurück, die ich am Schlusse meiner Untersuchungen über die notwendigen Verluste beim Dellwikprozess als Ergebnis dieser Untersuchungen hingestellt habe, dass nämlich die in der Kohle enthaltene und durch den Dellwikprozess auslösbare Wärmemenge grösser sein müsse als man bisher angenommen hat.

Ich weiss sehr wohl, dass die herrschende Theorie hiervon nichts wissen will. Immerhin dürfte es auffällig erscheinen, dass es immer wieder Wassergastechniker gewesen sind, die diese Behauptung von neuem aufgestellt haben, insbesondere Quaglio, Dwight und Strong, und ich glaube, dass sich die heutige Theorie der Aufgabe nicht entziehen darf, diese Frage noch einmal gründlichst zu prüfen. Denn die Argumentation der herrschenden Anschauung: „Diese Behauptung steht in schroffem Widerspruch zum Hessschen Gesetz und kennzeichnet sich dadurch hinlänglich als unzutreffend" dürfte doch kaum hinreichen, um diese aus den Thatsachen der Praxis geschöpfte Behauptung ein für allemal zu widerlegen. Denn die Praxis und zwar speziell die Wassergaspraxis ist es, die bei eingehendem Studium der einzelnen Wassergasverfahren immer wieder von neuem die an sich unmöglich erscheinende Thatsache bestätigt gefunden hat, dass die Umwandlung der Kohle in Wassergas unter Umständen einen grösseren kalorischen Effekt erzielen lässt, als dies möglich wäre, wenn die in der Kohle aufgespeicherte Energie thatsächlich nur 8080 W.E. betragen würde. Der Erste, der weitere Kreise mit diesen Anschauungen bekannt gemacht hat, ist Quaglio. Derselbe führt in seiner früher viel gelesenen Schrift „Wassergas als der Brennstoff der Zukunft"[15]) aus, dass bei der Verbrennung eines Brennmaterials in fester Form ein grosser Teil der in der Kohle enthaltenen Energie, abgesehen von der Wärme, die die mit hoher Temperatur abziehenden Verbrennungsprodukte durch den Schornstein entführen, zur Umänderung des Aggregatzustandes verwendet würde, d.h. um den festen Körper in einen gasförmigen, den festen Kohlenstoff in Kohlenoxyd- und Kohlensäuregas zu verwandeln, und dass auf diesen Umstand bei allen theoretischen Berechnungen noch nicht genügend Rücksicht genommen zu sein scheine, insofern es sich um den Vergleich der Heizwerte zwischen festen, flüssigen und gasförmigen Stoffen handle.

---

[15]) Wiesbaden, J. F. Bergmann. 1880.

Er berechnet auch für Kohlenstoff diese durch die Gasbildung gebundene Wärme aus den Zahlen der absoluten Heizeffekte und führt hierzu aus (Seite 9): „Nach Favre giebt Kohle (C) zu Kohlensäure (CO_2) verbrannt 8080 Wärmeeinheiten, Kohle zu Kohlenoxyd (CO) 2473 Wärmeeinheiten, Kohlenoxyd zu Kohlensäure 2402 Wärmeeinheiten; nun giebt aber ein Gewichtsteil Kohle $2^1/_3$ Gewichtsteile Kohlenoxyd, welche sohin bei ihrer Verbrennung $2^1/_3 . 2402 = 5604$ Wärmeeinheiten produzieren, wozu obige 2473 addiert, wieder 8077 Wärmeeinheiten resultieren, d. h. die Summe der erzielten Wärme ist die gleiche, ob wir den festen Kohlenstoff direkt zu Kohlensäure, oder ob wir ihn zuerst zu Kohlenoxyd und dann das Kohlenoxyd zu Kohlensäure verbrennen; ein anderer auffälliger Umstand drängt sich aber uns bei Betrachtung dieser Ziffern ins Auge. Dieselbe Gewichtsmenge Kohle mit derselben Gewichtsmenge Sauerstoff verbunden giebt im Falle C zu CO 2473 Wärmeeinheiten, im Falle CO zu CO_2 5604 Wärmeeinheiten; die ganze Erklärung dieser Differenz besteht darin, dass dieselbe im Betrage von 3131 Wärmeeinheiten, wie schon oben angedeutet, zur Verwandlung der festen Moleküle in gasförmige aufgebraucht und gebunden worden ist." Hiernach würde also die thatsächlich in dem Kohlenstoff vorhanden gewesene Wärmemenge nicht nur 8080, sondern $8080 + 3131 = 11211$ W.-E. betragen. Und ebenso spricht auch Dwight es mit dürren Worten aus, dass bei der Umwandlung der Kohle aus dem soliden in den gashaltigen Zustand ein Teil der Kraft des Brennmaterials bei seiner „Gasefaktion" verbraucht werde, dass also das schliessliche Maximum der potentiellen Kraft der Kohle grösser sei, als die gegenwärtige Schätzung. Allerdings versagt Quaglio die Kraft, sich zur vollen Erkenntnis durchzuringen und zu der Behauptung zu kommen, dass auch dieses Mehr von Wärme-Energie unter Umständen gewonnen werden könne, ja gewonnen werden müsse, wenn nur die einzelnen in Betracht kommenden Faktoren dementsprechend eingestellt werden. Quaglio kommt vielmehr lediglich bis zu der Behauptung, dass das neue Gas einen viel grösseren Nutzeffekt an Heizkraft repräsentiere, als aus der Kohle durch irgend ein anderes bekanntes Verfahren erhalten werden könne, denn natürlich könne das Gas theoretisch nicht mehr ebensoviel Wärmeeinheiten enthalten, als die Kohle, aus welcher es bereitet wurde, da ein Teil der Wärmeeinheiten als „Konstitutionswärme" des Gases, ein anderer durch Strahlung und Abkühlung konsumiert worden sei: „wir hätten ja aber in der Praxis nur mit dem Nutzeffekt zu thun und nicht mit dem theoretischen Werte," und seine ganzen weiteren Ausführungen bewegen sich auch dementsprechend in dieser Richtung. Etwas weiter geht, wie gesagt, Dwight, der aber auch den richtigen Kern seiner und Quaglios Ausführungen nicht herauszuschälen versteht. Und dies muss um so auffälliger erscheinen, als Quaglio entschieden bereits auf dem richtigen Wege zur Erkentnis war. Denn er erkennt, dass bei der Verbrennung eines Brennmaterials in fester Form ein grosser Teil der in der Kohle enthaltenen Energie zur Umänderung des Aggregatzustandes verwendet wird — um den festen Körper in einen gasförmigen zu verwandeln —, und er kommt — an anderer Stelle — weiter zu der Erkenntnis, dass bei der jetzigen Art der Erzeugung von Verbrennungswärme eine wesentliche Verlustquelle in dem Widerstande liegt, den das feste Brennmaterial der eindringenden Luft bereitet. Es lag deshalb hier — als notwendiger Schluss — die Frage doch sehr nahe: lässt sich denn die Verbrennung, d. h. hier zunächst die Umwandlung des festen Kohlenstoffs in Kohlenoxyd, nicht so leiten, dass der Teil der in der Kohle enthaltenen Energie, der zur Umänderung des Aggregatzustandes verwendet wird, verringert wird, sodass diese Umwandelung weniger Energie beansprucht, mithin aber mehr nutzbare Energie zur Verfügung stehen würde?

Und diese Frage ist auf Grund der Wassergaspraxis unter allen Umständen zu bejahen, und die Wassergaspraxis giebt uns auch die Momente an die Hand, die hierbei zu berücksichtigen sind, d. h. eine grössere Nutzbarmachung der in der Kohle enthaltenen Energie ermöglichen.

Als ein sehr wesentlicher Faktor wird der Umstand zu gelten haben, dass die Verbrennung nicht in der Luftatmosphäre vor sich gehen darf, also vor allen Dingen Abwesenheit des Luftstickstoffs. Auch auf diesen Punkt hat Quaglio bereits hingewiesen. Aber dies eine Moment wird selbstverständlich nicht genügen, denn die bisherigen Untersuchungen beweisen schlagend, dass die Verbrennung von festem Brennmaterial in reinem Sauerstoff verhältnismässig nur verschwindend geringe Mehrleistungen aufweist. Die weiteren Momente, welche für die Verbrennung des Kohlenstoffes gefunden werden müssen, um eine rationellere Verbrennung zu erzielen, werden deshalb, wie aus den obigen Ausführungen bereits klar hervorgeht, darauf hinauslaufen müssen, vor der eigentlichen Verbrennung Bedingungen zu schaffen, welche die Ueberführung der Kohle vom festen in den gasförmigen Zustand erleichtern, das heisst also, welche die Bildung von Kohlenoxyd leichter vor sich gehen lassen, als dies bei dem gewöhnlichen Verbrennungsvorgang, wie wir ihn bisher gewohnt sind, der Fall ist. Da ist es nun ohne weiteres klar, dass jeder Generatorprozess, bei welchem Dampf durch eine glühende Kohlenschicht hindurch geblasen wird, diese Erleichterung unter allen Umständen mit sich bringen muss, denn hier befindet sich der Kohlenstoff bereits in einem Zustande, der den Uebergang vom festen in den gasförmigen Aggregatzustand erleichtert, der Kohlenstoff kommt hier gewissermassen dem Sauerstoffe auf halbem Wege entgegen. Dass diese Vorteile für den Verbrennungsvorgang beim Dellwikverfahren ganz besonders grosse sein müssen, wird ohne weiteres einleuchten, wenn man bedenkt, dass bei diesem Verfahren, und zwar wie die Praxis gelehrt hat, eine niedrige Koksschicht einerseits und andererseits zum Anblasen derselben ein ausserordentlich schnell strömender Wind Bedingungen für ein gutes Funktionieren der Apparate sind, d. h. also, dass sich die Brennmaterialschicht, ehe der Dampf langsam durch sie hindurchgeleitet wird, bereits in einem solchen Zustande befindet, dass die Vereinigung des im Wasserdampfe enthaltenen Sauerstoffs mit dem Kohlenstoff zu Kohlenoxyd ohne weiteres — insbesondere auch ohne weitere Temperaturveränderungen — vor sich gehen kann. Wieviel weitere Momente sich noch auffinden lassen werden, um die Ueberführung des festen Brennmaterials in den gasförmigen Zustand zu erleichtern, lässt sich selbstverständlich ohne weiteres nicht übersehen; es ist jedoch äusserst wahrscheinlich, dass hierbei die Verwandlung des festen Brennmaterials in Staubform ebenfalls eine wesentliche Rolle mitspielen wird. Denn die oben bereits erwähnte Verlustquelle bei der jetzigen Art der Erzeugung von Verbrennungswärme: der Widerstand, den das feste Brennmaterial dem eindringenden Sauerstoffe bereitet, ist ja hier noch viel augenfälliger vermieden, als wenn das unzerkleinerte feste Brennmaterial vor seiner Vereinigung mit Dampf in glühenden Zustand versetzt wird. Ist aber so die Möglichkeit gegeben, die in der Kohle enthaltene Energie vorteilhafter als bisher auszunutzen, so bedarf es auch keines weiteren Beweises, dass dann mein Verfahren zur kontinuierlichen Erzeugung von Wassergas alle übrigen bekannten Verfahren an Ergiebigkeit übertreffen muss, denn die drei oben erörterten Momente treffen hier wie bei keinem anderen Verfahren zu. Dann aber ist der Einwand, den man gegen mein Verfahren, wie gegen jede Feuerung, bei welcher die Kohle in staubförmigem Zustande verwandt wird, erheben kann, dass nämlich das Zermahlen der Kohle unter allen Umständen mit einem unverhältnismässigen Aufwande von Kosten verbunden sei, um so gewisser hinfällig, zumal die durch das Mahlen der Kohle entstehenden Mehrkosten durch die Vorteile meines Verfahrens auch dann noch reichlich aufgewogen werden, selbst wenn sich die von mir jetzt erneuerte Hypothese, dass in der Kohle mehr auslösbare Energie vorhanden ist als man bisher angenommen hat, nicht bestätigen sollte.

Wenn aber die hier gewonnene Erkenntnis die Gewissheit bringt, dass die Verwendung der festen Brennmaterialien in Staubform einen wesentlich höheren Nutzeffekt in sich birgt, dann wird — und das ist natürlich zunächst Zukunftsmusik — der direkte staubförmige Abbau der Kohle bezw.

überhaupt die staubförmige Gewinnung der Brennmaterialien die natürliche Weiterentwickelung darstellen.

Wenn nun zwar auch grössere Versuche mit dem vorstehend beschriebenen Verfahren bisher noch nicht angestellt worden sind, sodass sich also vorläufig auch noch nicht übersehen lässt, inwiefern sich die Hoffnungen, die an dieses Verfahren geknüpft werden, verwirklichen lassen, so habe ich doch das Verfahren nach einer Richtung hin bereits weiter ausgebildet, und zwar einmal, um dem Einwurfe zu begegnen, dass die bei diesem Verfahren entwickelten Hitzegrade so bedeutende seien, dass seine Ausführung an der Materialfrage scheitern würde, und zweitens, um der herrschenden Theorie Rechnung zu tragen, nach welcher die zur Erzeugung des Wassergases erforderlichen hohen Temperaturen rationell nur im Innern des Zersetzungsraumes selbst und zwar dadurch hervorgerufen werden können, dass man einen Teil des kohlenstoffhaltigen Materials selbst verbrennt, da man nur dadurch beliebig hohe Temperaturen zu erzielen vermöge.

Bei dieser abgeänderten Form meines Verfahrens zur kontinuierlichen Erzeugung von Wassergas werden gleichzeitig mit dem kohlenstoffhaltigem Materiale Luft, Sauerstoff oder solche Substanzen, welche in der Wärme den Sauerstoff leicht abgeben, von dem Dampfstrahle mit angesaugt und in die Zersetzungskammer mit eingeführt, oder es werden diese Substanzen oder die Luft oder der Sauerstoff unabhängig von dem Gemisch aus Dampf und kohlenstoffhaltigem Materiale direkt in die Zersetzungskammer geleitet, sodass die Wärmemenge, welche durch die Aussenbeheizung der Zersetzungskammer in dieselbe eingeführt wird, jeweilig nur so gross zu sein braucht, dass die Entzündung des Kohlenstoffs ermöglicht wird, während die zur Zersetzung des Wasserdampfes noch erforderliche Wärmemenge alsdann in der Zersetzungskammer selbst dadurch erzeugt wird, dass ein Teil des zugeführten Kohlenstoffes in der gleichzeitig mit eingeführten Luft oder dem Sauerstoffe verbrennt. Dass bei dieser abgeänderten Form des Verfahrens die Zufuhr von kohlenstoffhaltigem Materiale eine reichlichere sein muss, als bei der ersten Ausführungsform, wenn man dieselbe Quantität Gas erhalten will, ist selbstverständlich. Ebenso selbstverständlich ist es aber auch, dass bei dieser Art von Gaserzeugung an die Erhitzungsflächen längst nicht die hohen Ansprüche gestellt werden müssen, wie bei dem ersterwähnten Verfahren. Es ist auch nicht unmöglich, dass diese Art von Gaserzeugung sogar eine rationellere und infolgedessen billigere sein wird, wenn natürlich auch das Gas selbst, wenigstens wenn als Verbrennungsmedium Luft benutzt wird, insbesondere durch den beigemengten Luftstickstoff Fremdkörper aufweisen und dadurch in seinem Wirkungsgrade einigermassen beeinträchtigt werden wird. Allerdings wird auch in einem solchen Gase

Kohlensäure sich nicht vorfinden, wenn nur dafür gesorgt wird, dass in der Zersetzungskammer jederzeit eine genügende Menge von Kohlenstoff vorhanden ist.

Dass diese Art und Weise, Wassergas herzustellen, wenigstens wenn atmosphärische Luft als Verbrennungsmedium benutzt wird, ein gewisses Analogon in dem sogenannten Dowsongas hat, liegt auf der Hand. Es ist aber auch ohne weiteres klar, dass das hier beschriebene Verfahren ungleich vollkommener und rationeller ist, als der Dowsongasprozess, und dass dieses Verfahren vor allem auch ein Gas liefert, das ungleich reicher ist an Wärmeeinheiten als das Dowsongas.

Was die Vermischung des kohlenstoffhaltigen Materials mit solchen Substanzen, welche in der Wärme leicht Sauerstoff abgeben, oder die Einführung dieser Substanzen direkt in die Zersetzungskammer und die Nutzbarmachung des von diesen Substanzen abgegebenen Sauerstoffs zum Zwecke der Wassergasbereitung anlangt, so dürfte hiermit ein neues Prinzip in den Wassergasprozess eingeführt worden sein, das ein Analogon bisher nicht aufzuweisen haben dürfte, das jedoch unter Umständen von grosser Bedeutung werden kann. Ich denke hierbei vor allem an Bariumsuperoxyd, einen Stoff, der anderen Körpern gegenüber fast völlig indifferent ist, der jedoch den Sauerstoff sehr leicht abgiebt, wobei er zu Bariumoxyd reduziert wird, und der nach Beendigung des Prozesses an der atmosphärischen Luft ohne weiteres wieder zu Bariumsuperoxyd regeneriert werden kann.

Was endlich die Verwendung reinen Sauerstoffs für das hier beschriebene Verfahren anlangt, so liegt der Gedanke, auch für den Wassergasprozess an Stelle von Luft Sauerstoff zu verwenden, ja überhaupt sehr nahe. Ich möchte jedoch noch auf eine Art von Erzeugung und Verwendung von Sauerstoff zu diesem Zwecke ganz besonders hinweisen. Ich halte nämlich die Zersetzungsprodukte des Wassers für ganz besonders geeignet, bei der Erzeugung des Wassergases eine bedeutende Rolle zu spielen, insofern nämlich der bei der Zersetzung des Wassers gewonnene Sauerstoff zur rationelleren Erzeugung des Wassergases nach dem vorstehend geschilderten Verfahren dienen soll, während der Wasserstoff äusserst rationell zur Erzeugung des Dampfes und zur Beheizung der Heizflächen der Zersetzungskammer dienen würde, wenn nicht der Wasserstoff direkt als Zusatz zu bereits fertigem Wassergase Verwendung findet. Ich gehe dabei von der Ueberzeugung aus, dass uns in den Naturkräften, vor allem in der Kraft des Windes, eine ausserordentliche Fülle von Energie zu Gebote steht, deren Aufspeicherung durch Umsetzung in Elektrizität und Aufsammlung in Akkumulatoren nach der heutigen Technik ausserordentlichen Schwierigkeiten begegnet, während ihre Aufspeicherung in der Weise, dass die durch sie gewonnene Elektrizität zur Zersetzung des Wassers verwendet wird und die Zersetzungsprodukte des Wassers in der oben angegebenen Weise nutzbringend gemacht werden, voraussichtlich ganz neue Bahnen eröffnen wird.

Und nun zum Schluss noch einen Ausblick in die Zukunft unter der Voraussetzung, dass die in den vorstehenden Ausführungen ausgesprochenen Annahmen zur Wirklichkeit werden und sich in weitestem Masse in die Praxis umsetzen lassen. Abgesehen von den bereits berührten zunächst in die Augen springenden Vorteilen und Fortschritten würde die Möglichkeit, gasförmiges Brennmaterial überall zu nicht höheren Preisen als feste Brennstoffe geliefert zu erhalten, naturgemäss zu einem Monopole zunächst der Gasanstalten führen, und dies würde wiederum, da ja die meisten Gasanstalten bereits städtisch sind oder es doch wenigstens in absehbarer Zeit werden, für unsere Stadtverwaltungen den Besitz eines Machtfaktors bedeuten, wie ihn keine andere kommunale Einrichtung darstellt. Denn wenn die Gemeinde in der Praxis die hauptsächlichste Lieferantin der Brennstoffe in Gasform ist, so wird sie thatsächlich sehr bald zur einzigen konkurrenzlosen Lieferantin der Brennstoffe überhaupt werden, und damit hat sie dann selbstverständlich auch die Bildung der Preise völlig in der Hand. Das aber wird für sie deshalb von grösstem Werte sein, weil die allgemeine Einführung von Wassergas die Möglichkeit giebt, dieselbe Menge von in der Praxis verwertbaren Wärmeeinheiten nicht nur ungleich billiger herzustellen, sondern sie auch zu ungleich billigeren Preisen an das Publikum abzugeben, als dies jetzt sich die gleiche Anzahl verwertbarer Wärmeeinheiten mittels festen oder flüssigen Brennstoffes, von gasförmigem Brennstoffe selbstverständlich ganz abgesehen, beschaffen kann. Und auch wenn die Gemeinde künftighin eine bestimmte Anzahl von Wärmeeinheiten billiger liefert, als das Publikum einschliesslich des Grossbetriebes jetzt für dieselbe bezahlen muss, so wird doch trotzdem den Gemeinden immerhin noch ein ganz gewaltiger Gewinn verbleiben, auch wenn man die Verzinsung und Amortisation der vielfach erforderlich werdenden Neuanlagen berücksichtigt. Damit würde aber unseren Gemeinwesen die Füglichkeit gegeben werden, ihre Finanzgebahrung thatsächlich auf dieser monopolisierten Lieferung von Licht, Wärme und Kraft aufzubauen und ihre jetzt oft sehr misslichen Finanzen aufzubessern, besonders da das Schuldenmachen, wie es einzelne unserer Grossstädte mit geradezu bewunderungswürdiger Virtuosität betreiben, doch unmöglich in alle Ewigkeiten so fortgehen kann.

Und von der kommunalen Monopolisierung der Lieferung aller Brennstoffe bis zur Verstaatlichung der Bergwerke (der sich eventuell auch eine Verstaatlichung der Torfmoore anschliessen würde), ist dann selbstverständlich nur noch ein

Schritt. Denn sobald es gelingt, die in der Kohle aufgespeicherte Energie — und die Kohle wird unter allen Umständen zunächst noch der hauptsächlichste Energiespender für uns bleiben — rationell und, ohne dass Nebenprodukte entstehen, in Gasform überzuführen, so wird auch die zentrale Versorgung der Gemeinden sehr bald von den Gewinnungsorten der Brennstoffe aus erfolgen, da es selbstverständlich zweckmässiger und ungleich billiger ist, das fertige Gas durch Röhren auch auf weiteste Entfernungen hin zunächst einer zentralen Verteilungsstelle und dann den Verbrauchsorten zuzuführen, als das Rohmaterial aufzuladen, zu transportieren, abzuladen und nunmehr erst der Gaserzeugungsstelle zuzubringen, von wo aus die Zuführung zu den Verbrauchsstellen doch wieder in Röhren erfolgen muss.

Dass hier sich notwendiger Weise Gegensätze zwischen dem Einzelnen und der Gemeinde und Gegensätze zwischen Gemeinde und Gemeinde herausbilden werden, dürfte ohne weiteres einleuchtend sein. Und die natürliche Folge wird eben die Verstaatlichung der Bergwerke sein, da diese Gegensätze nur durch den den Einzelnen sowohl wie die Gemeinden gleichmässig umfassenden Staat gelöst werden können, besonders da ja der Staat als Besitzer des grössten Teiles aller Eisenbahnen und infolgedessen als ein Hauptkonsument von Brennstoffen selbst das allergrösste Interesse an einer zweckmässigen Verteilung der im Lande vorhandenen Brennstoffmengen hat, ganz abgesehen davon, dass infolge Wegfalls des grössten Teiles der Kohlentransporte auf unseren Bahnen die jetzt bestehenden Bahnen auf ungemessene Zeit hinaus auch den weitesten Verkehrsbedürfnissen genügen werden, wenn allerdings auch zunächst dieser Wegfall der Kohlentransporte einen bedeutenden Einnahmeausfall bedeuten würde.

Dass die Verwendung der Brennmaterialen ausschliesslich in Gasform die Frage der Beseitigung der Rauch- und Russbelästigung in der einfachsten und glücklichsten Weise löst, ist ebenfalls ohne weiteres einleuchtend, und ebenso, welchen gewaltigen Fortschritt es für die Sozialhygiene, ja überhaupt für unsere ganzen sozialen Verhältnisse bedeuten würde, wenn auch der Aermste im Volke diese ausser der Nahrung notwendigsten Lebensbedürfnisse: Licht, Wärme, Luft und Kraft immer und überall zu jeder Zeit gleichbleibenden mässigen Preisen zur Verfügung haben könnte. Denn hierdurch würde ein neues Mittel gewonnen sein, um die grossen sozialen Gegensätze unserer Zeit auszugleichen und den tiefen Abgrund zu überbrücken, der heut noch den Menschen vom Menschen trennt, — fürwahr! ein Ziel, des Schweisses der Edelsten wert!

Anhang.

Ueber die notwendigen Verluste beim Dellwikprozess.

Die Bildung von Wassergas erfolgt nach der Formel

$$C+H_2O \text{ (Gas)} = CO+H_2 \ldots +28590-57560=-28970 \text{ Cal.}$$

Die Wärmeentwicklung ist also eine negative, da für die Zersetzung von 1 Molekül Wassers H_2O (in Gasform) in Wasserstoff H_2 und Sauerstoff O ebensoviel Wärme aufzuwenden ist, als bei der Vereinigung von Wasserstoff mit Sauerstoff zu Wasser (Gas) frei wird, nämlich 57560 Cal. Dieser Wärmeverlust muss demnach durch Wärmezufuhr von aussen gedeckt werden, was durch Verbrennen von Kohle geschieht; und zwar sind, wenn die Kohle zu Kohlensäure verbrannt wird, wobei 1 Atom oder 12 Gewichtsteile Kohlenstoff 96960 Cal. liefern, zur Erzeugung der oben berechneten 28970 Cal. $\frac{28970}{96960} = 0{,}298$ oder fast 0,3 Atomgewichte, das sind aber 3,6 kg Kohlenstoff erforderlich unter der Voraussetzung, dass 1 kg Kohlenstoff 8080 W.-E. bei seiner Vergasung entbinden kann.[1]) Allerdings schliesst dieser Aufwand von „Heizkohle" keinen Verlust in sich, denn die in der Heizkohle enthaltene Wärmeenergie findet sich als solche in dem fertigen Wassergase wieder vor, wie die bei der Verbrennung des Wassergases frei werdende Wärmemenge:

$$CO+H_2+O_2=CO_2+H_2O\text{(Gas)}\ldots+68370+57560=+125930 \text{ Cal.}$$

lehrt; denn die Wärmeeinheiten der gesamten verbrannten Kohlenstoffmenge betragen

$$12 \,.\, 8080+3{,}6 \,.\, 8080=126048 \text{ W.-E.}$$

Es wird also auch durch die Verwendung von Heizkohle an sich der kalorische Effekt des Wassergasprozesses in keiner Weise beeinträchtigt, vielmehr müsste auch bei Verwendung von Heizkohle der gesamte in der verbrauchten Kohlenstoffmenge enthaltene Wärmevorrat in dem aus dieser Kohlenstoffmenge bereiteten Wassergase wieder zum Vorschein kommen, wenn nicht eben das „Heizen" selbst schon eine Verlustquelle bedeutete. Und zwar müssen folgende Verluste eintreten:

1) Vorausgesetzt, dass

a) in jeder Periode des Warmblasens von Anfang bis zu Ende eine vollständige Verbrennung der 0,3 Atomgewichte Heizkohle oder des jeweilig von dieser Menge benötigten Teiles zu Kohlensäure stattfände, und dass

---

[1]) Vergl. hierzu: Dr. Alex. Naumann. Die Heizungsfrage mit besonderer Rücksicht auf Wassergaserzeugung und Wassergasheizung. Giessen. 1881. S. 76ff.

b) beim Gasmachen — abgesehen von den Verunreinigungen der Kohle — lediglich reines Wassergas entstände, dass ferner

c) die theoretische Luftmenge zum Verbrennen der Kohle genügen würde, und dass auch

d) die gesamte beim Warmblasen erzeugte Verbrennungswärme für die nachfolgende Gasmachenperiode im Generator erhalten werden könnte, so dass lediglich die durch die Verbrennungsgase entführte Wärmemenge als Verlust in Ansatz zu bringen sein würde, so würde der Verlust sich, wie folgt, berechnen:

Zu 3,6 kg C gehören 2×4,8 O, welche als CO_2 bei 1000° C entweichen und dadurch (spec. Wärme von CO_2=0,217) entziehen: 13,2×1000×0,217=2864,4 W.-E.

Auf 9,6 O kommen noch 9,6×3,31 =31,78 kg N, welche bei 1000° (spec. Wärme von N = 0,244) entführen: 31,78×1000×0,244=7754,3 W.-E.

Sa. 10618,7 W.-E.

Der in der Abhitze steckende Gesamtverlust muss also unter den obigen Voraussetzungen unter allen Umständen 10618,7 W.-E. betragen, d. i. im Verhältnis zu der gesamten im Generator verbrauchten Wärmemenge $\frac{10\,618{,}7}{126\,000} = 0{,}84$ oder fast 8½ Prozent.

Es ist ohne weiteres klar, dass dies — wenn nicht etwa die Temperatur der Abgase noch niedriger angenommen wird — der günstigste Fall ist, der überhaupt gedacht werden kann, da ja die Verbrennung auch nur des geringsten Teiles dieser 0,3 Atomgewichte Kohlenstoff zu Kohlenoxyd anstatt zu Kohlensäure das Resultat wesentlich verschlechtern muss. Dies Ergebnis stimmt auch mit den Untersuchungen von Dr. E. Fleischer überein, die derselbe in seiner Schrift: „Die Abhängigkeit der Wassergasausbeute vom Kohlensäuregehalt der Feuergase beim Dellwikschen Verfahren“ niedergelegt hat; und es sind gerade diese Untersuchungen Fleischers in Verbindung mit dem Erfindungsgedanken Dellwiks wieder einmal ein Beweis dafür, dass mit grossem Aufwande an Geist und Scharfsinn nichts anderes dargethan worden ist, als was durch die grundlegenden — leider vielfach in Vergessenheit geratenen — Arbeiten Naumanns in der Theorie längst klargestellt, aber nur noch nicht in die Praxis umgesetzt worden war.

2) Ein weiterer notwendiger Verlust, der beim Dellwikprozess wie bei jedem anderen Wassergaserzeugungsprozess und zwar nicht nur bei denen, die mit Generatoren arbeiten, sondern überhaupt bei allen Wassergaserzeugungsprozessen eintreten muss, beruht darauf, dass die Zersetzung des Wasser-

dampfes und die Entstehung von CO vollständig nur bei Temperaturen von **mindestens** 1000° vor sich geht, das abziehende Wassergas demnach auch mit einer Temperatur von annähernd 1000° entweicht. Dadurch aber entführt jeder Kubikmeter Wassergas aus dem Generator 306 W.-E.[2]), die unter den gewöhnlichen Verhältnissen bei der Verwendung des Wassergases nicht wieder gewonnen werden. Das bedeutet aber, da 30 kg Wassergas = 44,64 cbm Wassergas sind, einen weiteren notwendigen Wärmeverlust von $306 \times 44{,}64 = 13659{,}8$ Cal. oder $\frac{13\,659{,}8}{136\,730} = 0{,}099$, d. i. fast 10 Prozent[3]) der gesamten[4]) Verbrennungswärme.

3) Eine dritte notwendige Verlustquelle liegt darin, dass in den beiden eingangs aufgeführten Gleichungen

$C + H_2O$ (Gas) $= CO + H_2$ . . . $+ 28590 - 57560 = -28970$ Cal.

und

$CO + H_2 + O_2 = CO_2 + H_2O$ (Gas) . . $+ 68370 + 57560 = +125930$ Cal.

das für die Erzeugung des Wassergases nötige Wasser als gasförmiges Wasser von gewöhnlicher Temperatur angenommen worden ist. Die Praxis hat jedoch, soweit die Entstehung des Wassergases in Betracht kommt, mit flüssigem Wasser zu rechnen, für das zur Verwandlung in gasförmiges Wasser 18×600 Cal. = 10800 Cal. pro 18 kg notwendig sind. Diese 10800 Cal. werden aber bei der Verbrennung des Wassergases nicht wieder gewonnen, da unter den gewöhnlichen Umständen das hierbei gebildete Wasser mit den Verbrennungsprodukten in Gasform weggeht. In der für die Praxis in Betracht kommenden Erzeugungsgleichung des Wassergases tritt also das Wasser in flüssiger Form ein, in der Verbrennungsgleichung aber in Gasform aus und der hieraus entspringende Verlust beträgt $\frac{10800}{136730} = 0{,}0789$ oder fast 8 Prozent des gesamten Wärmeaufwands.[5])

Diese Verlustquelle wird in der Praxis nur allzuleicht vernachlässigt, wodurch sich jedoch die Beurteilung des einzelnen Verfahrens oft wesentlich verschieben dürfte. Allerdings könnte man einwenden, dass diese 8% ja nicht verloren gehen infolge

---

[2]) Vergl. Dr. H. Strache, das Wassergas, seine Herstellung und Verwendbarkeit. 2. Auflage. Leipzig und Wien. Franz Deuticke 1896.

[3]) Bunte fand bei seinen Versuchen in Warstein, dass 8 Prozent der Verbrennungswärme mit dem heissen Wassergase mit fortgingen (Verhandlungen der XXXVIII. Jahresvers. des deutsch. Vereins von Gas- und Wasserfachmännern in Nürnberg. Schillings Gas-Journal. Heft 35, 1898).

[4]) Hier muss selbstverständlich die gesamte Verbrennungswärme des gebildeten Wassergases — also auf flüssiges Wasser bezogen — zu Grunde gelegt werden.

[5]) Vergleiche Naumann a. a. O.

der Erzeugungsmethode, dass dieser Verlust vielmehr durch die Ausführung der gewöhnlichen Verbrennungen bedingt wird und dass man ihn deshalb gemeinhin vernachlässigen dürfe. So berechtigt auch dieser Einwand erscheinen könnte, so unberechtigt ist er doch, da gerade über diese Verlustquelle in der Praxis die wenigst klaren Anschauungen herrschen dürften. Ausdrücklich zu bemerken ist hier noch, dass auch Dr. Fleischer bei seinen Berechnungen, wie er in der Anmerkung Seite 6 ausdrücklich erklärt, von der für die Dampferzeugung nötigen Kohlenmenge gänzlich absieht, weil dieselbe überhaupt nur etwa 10% vom Totalverbrauche ausmache und durch die Abhitze der Generatoren auf einen sehr kleinen Betrag reduziert werden könne.

Die bisherigen Ausführungen zeigen, dass die notwendigen theoretischen Verluste beim Dellwikprozess ungefähr 26 Prozent des gesamten Wärmeaufwands betragen müssen.

Es fragt sich nun, ob sich in der Praxis diese Verluste erhöhen und in welchen Richtungen etwaige weitere Verlustquellen liegen werden. Aufklärung hierüber werden wir erhalten, wenn wir die Voraussetzungen, unter denen die unter 1 bis 3 erörterten notwendigen Verluste sich einstellen, einer näheren Prüfung unterziehen. Augenfällig ist in dieser Beziehung zunächst

4) eine vierte Verlustquelle, die darin begründet ist, dass bei der Erörterung sub 3 lediglich die Wärmemenge in Betracht gezogen worden ist, welche theoretisch notwendig ist, um Wasser in Dampf zu verwandeln, während in der Praxis auch bei den vorzüglichsten Dampfkesseln wesentlich mehr Heizmaterialien zur Erzeugung der 18 kg Dampf verbraucht werden dürften. Und zwar muss man — abgesehen von Paradeversuchen — auch bei den besten Kesseln in der Praxis für den regulären Betrieb mindestens einen Zuschlag von 25% rechnen, was im Vergleich zu dem Wärmeeffekt der gesamten verbrauchten Kohlenstoffmenge einen weiteren Verlust von ungefähr 2% bedeutet.

5) Soweit ferner die oben unter 1 angenommenen Voraussetzungen in Frage kommen, zeigt es sich, dass die Voraussetzung unter 1a thatsächlich zutreffen dürfte, da mannigfache Untersuchungen der Abgase ergeben haben, dass CO, wenn überhaupt, nur in verschwindend geringen Spuren vorhanden ist[6]), dass dagegen die Voraussetzung unter 1b in der Praxis nicht zutrifft, denn auch die glänzendsten bisherigen Ergebnisse beweisen, dass in der Praxis das Wassergas keineswegs zu gleichen Teilen aus Wasserstoff und Kohlenoxyd zusammengesetzt ist, sondern dass dieses Verhältnis bedeutenden Ab-

---

[6]) Prof. Dr. Lunge: Ueber das Dellwik'sche Wassergasverfahren. Schillings Journal, Heft 36. 1899.

weichungen unterliegt. Dicke, der Hauptvorkämpfer für das Dellwikverfahren, giebt folgende Zusammensetzung des Dellwik-Wassergases der Praxis an:[7])

CO	=	39,96	pCt.
H	=	50,95	„
CH_4	=	0,55	„
CO^2	=	4,80	„
N	=	3,74	„
	=	100,00	pCt.

Hierbei ist zweierlei besonders beachtenswert: einmal der Gehalt an Kohlensäure und Stickstoff, die zusammen mehr als $8^1/_2$ Volumenprozent ausmachen, und zweitens die Thatsache, dass der Wasserstoffgehalt, der in Bezug auf das gleiche Volumen kalorisch minderwertiger ist als das Kohlenoxyd, die theoretisch geforderten Volumenprozente etwas übersteigt, während das — auf die Volumenprozente bezogen — kalorisch hochwertige Kohlenoxyd um mehr als 10 pCt. hinter den theoretisch geforderten Volumenprozenten zurückbleibt. Was zunächst die Thatsache anlangt, dass das fertige Gas mehr als $8^1/_2$ Volumenprozente Kohlensäure und Stickstoff aufweist, so ist über deren Herkunft Folgendes zu sagen. Zunächst könnte man vermuten, dass nicht nur die oben unter 1 berechneten 0,3 Atomgewichte Kohlenstoff zu Kohlensäure verbrannt werden, sondern noch weitere Mengen, die dann natürlich in doppelter Weise einen Wärmeverlust herbeiführen müssten, indem einmal die bei dem Verbrennen des Kohlenstoffs zu Kohlensäure entbundene Wärmemenge nicht für den eigentlichen Gaserzeugungsprozess ($C + H_2O = CO + H_2$) nutzbar gemacht wird, und zweitens, indem auch dieser Teil der entstandenen Kohlensäure die entsprechende Menge von Verbrennungsgasen voraussetzen würde, die ebenfalls wieder Wärme entziehen würde. Denn dem Einwande, der etwa erhoben werden könnte, dass dieser Rest von Kohlensäure ebenso wie der vorhandene Stickstoff möglicherweise von dem Teile Kohlensäure herrühren könnte, der bei der Verbrennung der „Heizkohle" enstanden ist, könnte man dadurch begegnen, dass ja diese Menge Kohlensäure ebenso wie der Stickstoff einen integrierenden Bestandteil eines jeden Kubikmeters fertigen Wassergases darstellt. Eine eingehendere Untersuchung aller hier einschlagenden Fragen, besonders wenn man die zweite oben erwähnte Thatsache mit berücksichtigt, dass nämlich die Anwesenheit von Kohlensäure und Stickstoff im Wassergase auf Kosten des Kohlenoxyds stattfindet, lehrt dagegen, dass die Verhältnisse bei der Entstehung des Dellwikschen Wassergases keineswegs so einfacher Natur sind.

Am einfachsten ist noch die Herkunft des Stickstoffs zu erweisen, der ja unter allen Umständen als Rest von der zum

[7]) Dicke, Dellwik-Fleischers Wassergas-System. Frankfurt a. M. Juli 1899.

Heissblasen der Kohle verwendeten Luft herrühren muss. Allerdings muss dieser Teil Stickstoff dem unter 1 berechneten Teile gegenüber ein Plus sein, da ja nur dann, wenn die unter 1 berechneten Mengen auch wirklich in der Abhitze enthalten sind, die daselbst berechnete Wärmemenge in der Kohlenschicht aufgespeichert sein kann.

Dem Betrage von 3,74 Volumenprozenten N entspricht ungefähr 1 Volumenprozent CO_2, die diesem Betrage entsprechende Menge Kohlenstoff muss demnach unter allen Umständen gegenüber den Berechnungen unter 1 mehr als Heizkohle verbraucht worden sein.

Ueber die Herkunft des Restes der Kohlensäure ist folgendes zu sagen: Dr. Fleischer hat, von der Voraussetzung ausgehend, dass beim Wassergasprozess jeder Zeit zunächst chemisch reines Wassergas entstände, mit grossem Scharfsinn nachzuweisen versucht, dass das entstehende chemisch reine Wassergas schon bei seiner Entstehung durch überschüssigen Dampf besonders am Ende der Dampfperioden unter Bildung von Kohlensäure und Wasserstoff teilweise zersetzt werde, und hat dann den weiteren Nachweis versucht, dass die Volumina zwischen dem reinen und Kohlensäure haltigen Wassergase in bestimmten Beziehungen ständen. Dieser Nachweis kann aber nicht als völlig geglückt angesehen werden. Die auf Bunte's Veranlassung von Harris angestellten Fundamentalversuche[8]) gelten selbstverständlich auch für das Dellwik-Verfahren und diese zeigen uns Folgendes:

Temperatur-Mittel	Zusammensetzung des erzeugten Wassergases			Wasserdampf	
	Wasserstoff	Kohlenoxyd	Kohlensäure	zersetzt	unzersetzt
⁰ C.	Volum.	%	%	%	%
861	59,9	18,1	21,9	48,2	51,8
954	53,3	39,3	6,8	70,2	27,2
1010	48,8	49,7	1,5	94,0	6,0

Die drei aus der Tabelle hier herausgeschriebenen Zahlenreihen zeigen also ganz deutlich, dass bei einer Mitteltemperatur von 954⁰ C. die Wasserstoff- und Kohlenoxydbildung ungefähr in den Verhältnissen vor sich geht, die das fertige Gas der Praxis aufweisen, und dass in diesem Falle auch der Kohlensäuregehalt den Kohlensäuregehalt des in der Praxis gewonnenen Gases (4,80%) nicht wesentlich übersteigt. Das Schema lehrt aber gleichzeitig, dass bei weiterer Abkühlung der Kohlenschicht der Wasserstoffgehalt nicht wesentlich verändert wird, während der Kohlenoxydgehalt rapide fällt und

[8]) Schillings Journal. 1894. S. 82 ff.

der Kohlensäuregehalt rapide steigt. Und in demselben Verhältnisse steht der die Kohlenschicht zersetzt und unzersetzt durchstreichende Wasserdampf. Berücksichtigt man nun, dass beim Dellwikprozess so lange gegast wird, bis, wie dies Lunge in seinem mehrfach erwähnten Artikel ausdrücklich hervorhebt, das Probeflämmchen infolge zuviel CO_2 und Wasserdampf im fertigen Gase kleiner wird, so dürfte daraus schon zur Genüge hervorgehen — und es liegt dies eben im Wesen des diskontinuierlichen Betriebes —, dass eben nicht fortgesetzt reines Wassergas entsteht und dass die vorhandene Kohlensäure nicht lediglich davon herrührt, dass reines Wassergas durch überschüssigen Dampf in Kohlensäure und Wasserstoff zersetzt wird, sondern dass die Kohlensäure, die sich im fertigen Wassergase vorfindet, ihre Entstehungsursache hauptsächlich in der jedesmaligen allzugrossen Abkühlung des Systems hat.

Wie gross der hierdurch entstehende Wärmeverlust ist, lässt sich ohne weiteres nicht sagen. Dagegen lässt er sich, wenigstens annäherungsweise, durch folgende Ueberlegung wahrscheinlich machen:

Wenn die unter 1 zu a—d angenommenen Voraussetzungen in der Praxis zutreffen würden, so würde ein Wassergas entstehen, das pro 1 cbm 50 Volumenprozent Kohlenoxyd und 50 Volumenprozent Wasserstoff aufweisen und — auf flüssiges Wasser bezogen — eine Verbrennungswärme von 3054 Cal. und — auf gasförmiges Wasser bezogen — eine Verbrennungswärme von 2813 Cal. aufweisen würde. Es beträgt aber die Verbrennungswärme von 1 cbm Wassergas, das nach dem Dellwik'schen Verfahren hergestellt ist, in der Praxis 2570 Cal.[9])

Wenn nun ungefähr 8 pCt. Kohlensäure und Stickstoff, die im Wassergase vorhanden sind und die ja den Verbrennungsvorgang nicht nur nicht unterhalten, sondern ihn sogar direkt beeinträchtigen, durch Kohlenoxyd ersetzt wären, während die beiden fehlenden Prozente annähernd durch die überschüssigen Volumenprozente Wasserstoff und die anwesenden Kohlenwasserstoffe, insbesondere Methan, gedeckt würden, so würde die Verbrennungswärme dieses Teiles Kohlenoxyd ungefähr 244 Cal. (3055 . 0,08) betragen. Die Verbrennungswärme eines Kubikmeters Wassergas betrüge dann 2570 + 244 Cal. = 2814 Cal., d. i. aber der ungefähre Wert der Verbrennungswärme eines Kubikmeters reinen Wassergases auf gasförmiges Wasser bezogen. Der gesamte Wärmeverlust, der aus dieser in der Unzulänglichkeit der Praxis, vor allem in dem intermittierenden Betriebe begründeten Verlustquelle strömt, beträgt sonach $\frac{244 \times 44{,}64}{126000} = \frac{10897{,}16}{126\,000} = 0{,}086$ oder fast 9 pCt. der im Generator verbrauchten Verbrennungswärme.

---

[9]) Dicke a. a. O. S. 23.

6) Was die weitere unter 1c angenommene Voraussetzung anlangt, dass nämlich zur Verbrennung der 0,3 Atomgewichte Heizkohle lediglich die theoretisch notwendige Luftmenge ausreiche, so dürfte diese Annahme ebenfalls nicht völlig zutreffen. Es ist allerdings ausserordentlich schwierig, die sämtlichen hier auftauchenden Fragen richtig und erschöpfend zu beantworten. Während nämlich die Praxis bisher gelehrt hat, dass die Verbrennung der Kohle dann am günstigsten vor sich geht, wenn das 1,7fache des theoretischen Luftvolumens als Verbrennungsluft zugeführt wird[10]), so scheinen die besonderen Umstände, unter denen die Verbrennung der Kohle beim Dellwikprozess vor sich geht, doch wieder andere Anschauungen notwendig zu machen. Denn die Thatsache, dass die Abhitze nach eingehenden Untersuchungen z. B. von Lewes[11]) während der ganzen Blaseperiode fast unverändert 17 bis 18% Kohlensäure aufweist und nur geringe Mengen freien Sauerstoffes enthält, wie auch das in der Abhitze enthaltene Kohlenoxyd ebenfalls in nur sehr kleinen Mengen vorhanden ist[12]), scheint zunächst allerdings darauf hinzuweisen, dass thatsächlich die theoretisch notwendige Luftmenge genügt oder wenigstens nicht wesentlich überschritten wird. Aber auf der anderen Seite hat gerade Professor Lunge in dem erwähnten Artikel hervorgehoben, dass beim Dellwikprozess die Verbrennung des Kohlenstoffes zu Kohlensäure nur erklärlich wird, wenn man einen grossen Ueberschuss an Sauerstoff annimmt.

7) Was die unter 1d angenommene Voraussetzung, dass die beim Warmblasen erzeugte Verbrennungswärme insgesamt für die nachfolgende Gasmacheperiode im Generator erhalten werden könnte, anlangt, so ist zu vermuten, dass auch diese Voraussetzung in der Praxis nicht ganz zutreffen wird[13]), dass vielmehr auch hier eine weitere Verlustquelle liegt. Die Verluste hier im einzelnen festzustellen, dürfte ohne genaue Messungen überhaupt unmöglich sein.

8) Die Voraussetzungen, die bei der Erörterung des durch die heiss abziehenden Gase entstehenden Verlustes angenommen worden sind, sind aus der Praxis geschöpft und dürften sich kaum erheblich verändern.[14])

9) Endlich sind noch diejenigen Verluste zu berücksichtigen, die dadurch entstehen, dass die Schlacke heiss abgezogen wird, dass jeder Generator mehr oder weniger Wärme ausstrahlt

---

[10]) Naumann a. a. O. S. 30f.

[11]) Dicke a. a. O.

[12]) Lunge a. a. O.

[13]) Lunge nimmt in dem mehrfach erwähnten Artikel an, dass ein erheblicher Teil der Verbrennungswärme notwendiger Weise unausgenutzt aus dem Apparat fortgehen, also nicht in Form von neuem Wärmevorrat in der glühenden Brennstoffmasse zurückgehalten werde.

[14]) Vergl. den oben angegebenen Litteraturnachweis und Lunge a. a. O.

und dass bestimmte Mengen unzersetzten Wasserdampfes den Generator durchstreichen, vor allem gegen Ende einer jeden Periode des Gasmachens. Die letztere Thatsache ist ja oben unter 5 bereits mit erwähnt worden.

Als Schlussergebnis der vorersichtlichen Untersuchungen kann folgendes als feststehend angesehen werden: Die notwendigen theoretischen Verluste beim Dellwikprozess berechnen sich auf ungefähr 26 Prozent. In der Praxis kommen als weitere Verluste unter dem Kessel und dadurch, dass kein reines Wassergas erzeugt wird, mindestens noch 11 Prozent hinzu, sodass man also, auch wenn man die sonstigen in der Praxis noch eintretenden Verluste unberücksichtigt lässt. in der Praxis mit mindestens 37 Prozent Verlust im Vergleich zu der gesamten Verbrennungswärme rechnen muss. Wenn demgegenüber in der Praxis beim Dellwikprozess eine thatsächliche Ausnutzung von mehr als 82 Prozent des Koks im Generator und unter dem Kessel erzielt wird[15]), so bleibt als Erklärung für diesen Widerspruch nur die Annahme übrig, dass die in der Kohle enthaltene und durch den Dellwikprozess auslösbare Wärmeenergie grösser ist, als man bisher angenommen hat.

---

[15]) Vergl. Geitel, Polytechnisches Zentralblatt 1898 Heft 20; Vivian B. Lewes, „The Gas World“ Vol. XXVI No. 674; Lunge a. a. O

A. Seydel & Cie., G. m. b. H., Berlin S.W.

Kolibri 360 GmbH
Ferdinand-Jühlke-Straße 7
99095 Erfurt, Deutschland
produktsicherheit@kolibri360.de